MÉMOIRE

RELATIF AU

CHEMIN DE FER PROJETÉ D'UNIEUX A SAINT-ÉTIENNE

AVEC EMBRANCHEMENTS

PRINCIPALEMENT POUR LE SERVICE DE L'EXPLOITATION

DES

MINES D'UNIEUX ET FRAISSE

PARIS

IMPRIMERIE LACOUR ET COMP.

RUE SOUFFLOT, 16.

—

1853

A Son Excellence le Ministre de l'Agriculture, du Commerce et des Travaux publics.

Monsieur le Ministre,

Conformément aux instructions que Votre Excellence a bien voulu nous dicter, le 14 juin dernier, relativement au chemin de fer projeté d'Unieux à Saint-Étienne avec embranchements principalement pour le service de l'exploitation des mines d'Unieux et Fraisse (Loire), nous avons l'honneur de soumettre à votre haute approbation le présent mémoire, ainsi que les plans, profils, etc., qui l'accompagnent.

Nous osons espérer que Votre Excellence daignera accueillir le résultat de nos consciencieuses études avec la sollicitude qu'elle montre toujours pour les travaux qui sont entrepris dans un intérêt public.

Nous sommes avec un profond respect,

Monsieur le Ministre,

De Votre Excellence les très humbles et obéissants serviteurs,

S. Delorme aîné, A Rivière.

Paris, le 10 novembre 1853.

PREMIÈRE PARTIE.

CONSIDÉRATIONS EN FAVEUR DE L'EXÉCUTION DU CHEMIN DE FER PROJETÉ.

OBSERVATIONS GÉNÉRALES.

Le principal but du chemin de fer projeté du Bas-d'Unieux à la gare de Bérard, à Saint-Étienne, est de mettre en rapport facile et économique la partie occidentale du bassin houiller, c'est-à-dire les mines de charbon les plus riches, ainsi que les nombreuses usines et fabriques, qui s'étendent de Saint-Étienne jusqu'à la Loire, avec cette importante ville, et par conséquent avec les chemins de fer de grande communication qui partent de Saint-Étienne pour aller : l'un vers le Rhône, la Saône, le midi et l'est de la France ; l'autre vers la Loire, et de là dans le centre de la France. A ce but principal se rattachent différents intérêts aussi d'une grande importance, que nous ferons connaître plus loin, autant du moins que les limites obligées de ce mémoire le permettront.

Pour satisfaire le mieux possible à tous les intérêts combinés, il a fallu d'abord étudier avec beaucoup de soin les diverses questions qui se rattachent à ces intérêts, puis choisir les points les plus avantageux de départ et d'arrivée, ensuite déterminer la ligne de parcours. Le point de départ devait nécessairement être fixé à l'extrémité du bassin houiller, et le point d'arrivée au lieu de jonction de tous les chemins de fer de Saint-Étienne. On mettait ainsi en communication directe et facile la partie élevée de la Loire avec la gare principale de Saint-Étienne. Enfin, pour satisfaire aux conditions essentielles de l'économie du chemin, on devait suivre dans toute son étendue la partie occidentale du bassin houiller, en profitant des vallées où sont agglomérées les usines, les populations industrielles et agricoles.

Avant d'entrer dans des détails sur l'importance des intérêts industriels, agricoles et autres de la localité, ainsi que sur l'urgence du chemin projeté, nous laisserons parler les organes officiels des intérêts locaux, c'est-à-dire les conseils municipaux des centres de population qui doivent être traversés par la voie ferrée.

VŒUX EXPRIMÉS PAR LES CONSEILS MUNICIPAUX.

Extrait des registres des délibérations du conseil municipal de Saint-Étienne.

« L'an mil huit cent cinquante-trois et le vingt-quatre juin, les membres du conseil municipal de Saint-Étienne se sont réunis, dûment autorisés par M. le sous-préfet, sous la présidence de M. Quantin, maire.

« Étaient présents : MM. Delarue, Faure-Belon, Bougy, adjoints, Barlet-Gagnère, Berthon aîné, Buisson, Canonier, Chalard, Colcombet Victor fils, Comte, Epitalon fils, Faure Auguste, Flottard, Freycinet, Herard, Jarre, Ladevèze, Merllié, Malescourt, Meyrieux-Palle, Neyron-Desgranges, Paillon Victor, Paliard Jules, Paret oncle, Peyron, Philip-Thiollière, Point, Raymon Élie, Vernay Caron, Vial, Vignat fils ; M. Buisson remplissant les fonctions de secrétaire.

« Sur l'avis donné par M. le maire, qu'il vient d'être informé qu'une compagnie sollicite en ce moment la concession d'un chemin de fer de Saint-Étienne à Firminy et Unieux et qu'elle désire s'appuyer du vœu de la municipalité de Saint-Étienne,

« Le conseil municipal,

« Considérant que l'établissement du chemin de fer proposé serait l'une des créations les plus utiles dont on puisse doter le pays; que l'exploitation des mines de houille de Firminy, d'Unieux et de la Ricamarie acquiert une importance progressive; qu'il en résulte que des milliers de chars de houille, lourdement chargés et destinés aux chemins de fer de la Loire et du Rhône, circulent tous les jours sur la route impériale n° 82 et sur celle du Puy; que, par suite, ces routes sont constamment dégradées et dans un état de viabilité intolérable; que ces chargements ne pouvant se rendre au débarcadère des chemins de fer qu'en traversant la ville, leur circulation continuelle au milieu d'une population nombreuse est un danger permanent et donne lieu fréquemment à des graves accidents;

« Considérant, enfin, que la création du chemin de fer dont il s'agit est depuis longtemps vivement désirée par la population de Saint-Étienne :

« Exprime à l'unanimité le vœu que le gouvernement veuille bien pourvoir à la concession du chemin de fer de Saint-Étienne à Firminy et Unieux le plus promptement possible, et restreindre, autant qu'il pourra l'obtenir, le délai assigné à l'exécution de cette ligne, dont l'établissement a un véritable caractère d'urgence.

« Pour expédition conforme,

« *Le Maire*,

« *Signé* : QUANTIN. »

Extrait du registre des délibérations du conseil municipal de la commune d'Unieux.

« L'an mil huit cent cinquante-trois et le trente septembre, les membres du conseil municipal de la commune d'Unieux se sont réunis, dû-

ment autorisés par **M.** le sous-préfet de l'arrondissement de Saint-
Étienne, sous la présidence de **M.** le maire.

« Étaient présents :

« MM. Laroa, adjoint; Vassal, Vial, Penel, Rochelon, Decline, Largeron, Dussauze, Servet, Lacroix, Lardon, Fraisse, Vincendon et
Monistrol, ainsi que Holtzer, maire.

« Sur l'avis donné par **M.** le maire qu'une compagnie a demandé
l'autorisation de construire un chemin de fer du bas d'Unieux à Saint-
Étienne, dont elle fait les études en vertu d'une autorisation de **M.** le
ministre de l'agriculture, du commerce et des travaux publics, et
qu'elle désire dans l'intérêt de la commune s'appuyer du vœu de la
municipalité de la commune d'Unieux,

« Le conseil municipal,

« Considérant que l'établissement du chemin de fer en projet serait
l'une des créations les plus utiles dont on puisse doter le pays; que
l'exploitation des mines de houille d'Unieux et Fraisse, de Firminy et
de la Ricamarie, acquiert journellement une plus grande importance;
que de nombreuses usines et fabriques se développent chaque jour
entre la Loire et Saint-Étienne; qu'il résulte de cet accroissement
progressif que des milliers de voitures chargées de houille, de coke,
de bois, de fontes et d'autres produits, allant les unes à Saint-Étienne
et d'autres revenant vers les usines et fabriques établies le long de
la vallée de l'Ondaine, circulent sur la route impériale de Saint-Étienne
au Puy et sur celle de Saint-Bonnet-le Château à Firminy; que ces
routes sont souvent dégradées et souvent très dangereuses; que de
nombreuses relations existent entre la commune d'Unieux et Saint-
Étienne et autres lieux, situés dans les vallées de l'Ondaine et de la
Loire; que des produits agricoles et manufacturiers ne peuvent s'écouler avec avantage, faute de moyens de transports faciles et économiques; que les chevaux, les bœufs, etc., qui devraient être réservés à
l'agriculture, ne suffisent pas aux transports; considérant enfin que
l'établissement du chemin de fer dont il s'agit est depuis longtemps
vivement désiré par les populations manufacturières et agricoles :

« Exprime le vœu que le gouvernement veuille bien pourvoir à l'autorisation définitive du chemin de fer du bas d'Unieux à Saint-Étienne le plus promptement possible, et restreindre autant que possible le délai assigné à l'exécution de cette ligne, dont l'établissement a un véritable caractère d'urgence.

« Fait et délibéré en mairie d'Unieux les jour, mois et an que dessus, et ont tous les délibérants signé après lecture.

« Pour copie conforme,

« En mairie d'Unieux, le 5 octobre 1853.

« *Le Maire,*

« *Signé :* J. HOLTZER. »

Extrait du registre des délibérations du conseil municipal de Firminy.

« L'an mil huit cent cinquante-trois et le onze septembre, les membres du conseil municipal de la commune de Firminy se sont réunis, dûment autorisés par M. le sous-préfet de l'arrondissement de Saint-Étienne, sous la présidence de M. de Chambarlhac, maire.

« Étaient présents : MM. de Chambarlhac, Limousin Jean-Marie, Portafaix, Aulogne, Peyret, Chappellon, Bachelard, Millet, Bonche, Malon, Dubœuf, Bayle, Largeron, Chavas.

« M. Malon a été nommé aux fonctions de secrétaire.

« Sur l'avis donné par M. le maire qu'une compagnie a demandé l'autorisation de construire un chemin de fer, du bas d'Unieux à Saint-Étienne, dont elle fait les études, en vertu d'une autorisation de M. le ministre de l'agriculture, du commerce et des travaux publics, et qu'elle désire, dans l'intérêt de la commune, s'appuyer du vœu de la municipalité de la ville de Firminy,

« Le conseil municipal,

« Considérant que l'établissement du chemin de fer en projet serait l'une des créations les plus utiles dont on puisse doter le pays ;

2

« Que l'exploitation des mines de houille d'Unieux et Fraisse, de Firminy et de la Ricamarie, acquiert journellement une plus grande importance ;

« Que de nombreuses fabriques se développent chaque jour entre la Loire et Saint-Étienne ;

« Qu'il résulte de cet accroissement progressif que des milliers de voitures chargées de houille, de coke, de bois, de fontes et autres produits, allant les unes à Saint-Étienne et d'autres revenant vers les usines et les fabriques établies le long de la vallée de l'Ondaine, circulent sur la route impériale de Saint-Étienne au Puy et sur celle de Saint-Bonnet-le-Château à Firminy ;

« Que, par suite, ces routes sont constamment dégradées et souvent très dangereuses ; que de nombreuses relations existent entre la commune de Firminy et Saint-Étienne, ou autres lieux situés dans les vallées de l'Ondaine et de la Loire ;

« Que des produits agricoles et manufacturiers ne peuvent s'écouler avec avantage, faute de moyens de transports faciles et économiques ;

« Que les chevaux, les bœufs, etc., qui devraient être réservés à la culture, ne suffisent même plus aux transports ;

« Considérant, enfin, que l'établissement du chemin de fer dont il s'agit est depuis longtemps vivement désiré par les populations manufacturières et agricoles :

« Exprime le vœu que le gouvernement veuille bien pourvoir à l'autorisation définitive du chemin de fer du bas d'Unieux à Saint-Étienne le plus promptement possible, et restreindre, autant qu'il pourra, le délai assigné à l'exécution de cette ligne, dont l'établissement a un véritable caractère d'urgence.

« Ainsi délibéré les jour, mois et an susdits, et ont signé au registre après lecture les membres présents.

« Collationné :

« *Le Maire*,

« *Signé* : Limouzin, adjoint. »

*Extrait du registre des délibérations du conseil municipal du
Chambon-Feugerolles.*

« L'an mil huit cent cinquante-trois et le vingt-cinq septembre, les
membres du conseil municipal de la commune du Chambon se sont
réunis, dûment autorisés par M. le sous-préfet de l'arrondissement de
Saint-Étienne, sous la présidence de M. Holtzer, maire.

« Etaient présents :

« MM. Holtzer, maire, président ; Cotta, Claudinon, adjoints; Canel,
Laurent, Heurtier, Dubuisson, Dubouchet, Windermandel, Crepet,
Martigniat, Chevaleros, Aiguillon, Breron, Didier.

« M. Chevaleros a été nommé secrétaire.

« Sur l'avis donné par M. le maire qu'une compagnie a demandé
l'autorisation de construire un chemin de fer du bas d'Unieux à Saint-
Étienne, dont elle fait les études en vertu d'une autorisation de M. le
ministre de l'agriculture, du commerce et des travaux publics. et
qu'elle désire, dans l'intérêt de la commune, s'appuyer du vœu de la
municipalité de la commune du Chambon,

« Le conseil municipal,

« Considérant que l'établissement du chemin de fer en projet serait
l'une des créations les plus utiles dont on puisse doter le pays, que
l'exploitation des mines de houille d'Unieux et Fraisse, de Firminy et
de la Ricamarie, acquiert journellement une plus grande importance;
que de nombreuses usines ou fabriques se développent chaque jour
entre la Loire et Saint-Étienne ; qu'il résulte de cet accroissement progressif que des milliers de voitures chargées de houille, de coke, de
bois, de fontes et autres produits, allant les unes à Saint-Étienne et
d'autres revenant vers les usines et les fabriques établies le long de
la vallée de l'Ondaine, circulent sur la route impériale de Saint-
Étienne au Puy et sur celle de Saint-Bonnet-le-Château à Firminy; que
par suite ces routes sont constamment dégradées et souvent très dangereuses ; que de nombreuses relations existent entre la commune du
Chambon et Saint-Étienne ou autres lieux situés dans les vallées de

l'Ondaine et de la Loire; que des produits agricoles et manufacturiers
ne peuvent s'écouler avec avantage faute de moyens de transports faciles et économiques ; que les chevaux, les bœufs, etc., qui devraient
être réservés à l'agriculture, ne suffisent même plus aux transports; considérant enfin que l'établissement du chemin de fer dont il s'agit est
depuis long-temps vivement désiré par les populations manufacturières et agricoles:

« Exprime le vœu que le gouvernement veuille bien pourvoir à l'autorisation définitive du chemin de fer du bas d'Unieux à Saint-Étienne
le plus promptement possible et restreindre, autant qu'il le pourra, le
délai assigné à l'exécution de cette ligne, dont l'établissement a un véritable caractère d'urgence.

« Ainsi délibéré au Chambon-Feugerolles les jour, mois et an que
dessus, et, après lecture faite, tous les membres présents ont signé. »

(*Suivent les signatures.*)

Outre l'opinion formulée par les conseils municipaux de Saint-
Étienne, d'Unieux, de Firminy et du Chambon, nous devons rappor-
ter le vœu du conseil municipal de la Ricamarie, quoique ce vœu ait
été exprimé en vue de la possibilité du passage du Grand-Central par
le Puy, Issengeaux, Firminy et la Ricamarie; car le but que se pro-
posait la population de la Ricamarie sera rempli aussi bien par notre
chemin de fer que par le passage du Grand-Central, d'autant plus
qu'il nous a paru impossible, comme nous le démontrerons plus loin,
que le Grand-Central suivît avec économie et avec fruit cette ligne du
Puy à Saint-Étienne par Firminy.

Extrait du registre des délibérations de la commune de la Ricamarie.

« L'an mil huit cent cinquante-trois et le quatorze du mois de juillet,
le conseil municipal de la commune de la Ricamarie s'est réuni en

séance extraordinaire sur la convocation de M. le maire et d'après
l'autorisation de M. le sous-préfet du 6 juillet courant.

« Étaient présents MM. Marchand, maire ; Benevend, adjoint ; Cho-
mier, Chapal, Basson, Fraisse, Grivolat, Mure, Nizière, Pichon.

« M. Benevend a été nommé aux fonctions de secrétaire.

« M. le maire a ouvert la séance et a exposé au conseil que le décret
du 21 avril dernier qui avait concédé à la compagnie du chemin de
fer dite du Grand-Central une ligne de Lyon à Bordeaux, passant par
Saint-Etienne, la Ricamarie, le Puy, etc., allant bientôt être mis en
exécution, il était de l'intérêt de la commune de se joindre aux autres
communes limitrophes de ce chemin de fer pour solliciter du gouvernement le commencement de ces travaux de Saint-Étienne au Puy, où
de si grands intérêts exigent la prompte jouissance de ce bienfait.

« Le conseil municipal, après avoir examiné attentivement la proposition de M. le maire,

« Considérant que cette ligne de chemin de fer autorisée par le décret ci-dessus précité serait un grand avantage pour la commune ;

« Considérant que la Ricamarie a de grandes exploitations de
houille qui fournissent chaque jour 1,080,000 quintaux métriques de
houille (1) ;

« Considérant que l'exécution de la ligne de ce chemin de fer entre
Saint-Étienne et le Puy est d'une grande importance pour la circulation des divers produits de la localité et des environs, tels que vins,
blés, légumes et bois de mines et de construction ;

« Considérant que si cette ligne était ouverte, le débouché des charbons deviendrait plus considérable, et que nos mines pourraient plus
facilement expédier leurs produits ;

« Considérant que cette commune nouvellement érigée a doublé en
population depuis une dizaine d'années par le progrès de ses mines
de houille ;

« Que la circulation des voyageurs est très considérable ;

(1) Il y a évidemment une erreur : on a peut-être voulu dire *par année*.

A. RIVIÈRE.

« Qu'il passe journellement du Puy, de Monistrol, Tence, Montfaucon, Dunières, Saint-Just, Malmont, Firminy et le Chambon 80 à 90 diligences pour conduire les voyageurs;

« Qu'il y a en outre une voiture de quatorze places de la Ricamarie à Saint-Étienne, ayant quatre départs par jour de la Ricamarie et quatre de Saint-Étienne;

« Considérant que la circulation par la route impériale n° 88 entre la Ricamarie et Saint-Étienne est de plus de 2,500 colliers par jour, de 912,500 par an;

« Considérant encore la dépense énorme que coûte à l'État l'entretien de la route impériale n° 88 de Saint-Étienne à Firminy, peut-être la plus fatiguée de France;

« Le conseil prie l'administration supérieure de prendre la présente délibération en considération, et d'intercéder auprès du gouvernement pour qu'il veuille bien faire faire immédiatement l'étude de la ligne du chemin de fer de Saint-Étienne au Puy, que les travaux commencent par Saint-Étienne et s'avancent progressivement au Puy.

« Il prie en conséquence M. le maire de faire toutes les diligences nécessaires à cet ouvrage si important pour la commune, et d'envoyer de suite en double expédition copie de la présente délibération à M. le préfet par l'intermédiaire de M. le sous-préfet, en sollicitant de ces hauts magistrats un avis favorable auprès du gouvernement.

« Fait en mairie les jour, mois et an susdits, et ont les membres présents signé après lecture.

« Pour copie conforme,

« *Le Maire,*

« *Signé :* Marchand. »

ÉTAT ACTUEL ET AVENIR DU BASSIN HOUILLER DE RIVE-DE-GIER, DE
SAINT-ÉTIENNE, DE LA RICAMARIE, DE FIRMINY, ETC.

L'ensemble du bassin houiller depuis Rive-de-Gier jusqu'à Unieux,
ou mieux depuis le Rhône jusqu'à la Loire, est sans contredit l'un des
plus riches dépôts de charbon que la France possède. Son importance
résulte non-seulement de sa situation, de son étendue, du grand
nombre et de la puissance de ses couches, mais encore des qualités du
charbon, qui, à juste titre, sont regardées comme les meilleures que
nous ayons pour la forge, pour le gaz et pour la fabrication du coke.
Néanmoins il ne faudrait pas s'exagérer la richesse de ce bassin, ni le
croire inépuisable. Suivant des calculs résumés dans le savant mémoire de M. Grüner, ingénieur en chef et directeur de l'école des
mineurs de Saint-Étienne, sur l'ensemble du bassin houiller, il renfer-
merait approximativement 6 milliards d'hectolitres de charbon (1). Ce
serait là une immense richesse, il est vrai; cependant il importe pour
l'avenir de la ménager au moyen d'une exploitation bien entendue,
et surtout au moyen de la multiplication des centres de production,
pour ne pas forcer outre mesure l'extraction en certains points, comme
on le pratique aujourd'hui, et cela dans le but de satisfaire à tout prix
à la consommation. En effet, l'exploitation a lieu depuis longtemps aux
environs de Rive-de-Gier, de Saint-Étienne, de Roche-la-Molière et
de la Ricamarie. Déjà une partie importante du bassin houiller est
sinon entièrement épuisée, du moins devenue inexploitable. Autrefois
on exploitait mal et sans prévision pour l'avenir : aussi certains exploitants n'ayant pas jusqu'à présent convenablement aménagé l'exploitation, et n'ayant pas préparé leurs travaux sur une échelle suffisante,

(1) Sans y comprendre les couches de charbon qui peuvent se trouver dans le
système inférieur à Saint-Étienne, à Saint-Chamond, etc., mais dont l'existence est
encore problématique.

sont-ils dans plusieurs endroits réduits à exploiter ce que leurs devanciers avaient négligé d'extraire. En outre, les eaux et le feu qui ont envahi une grande partie des richesses houillères rendent le bassin inexploitable sur divers points. Enfin, les nombreuses usines et fabriques créées dans la contrée, l'accroissement extraordinaire de la consommation par les bateaux à vapeur, les fabriques, les usines, la forge, les foyers domestiques, les chemins de fer, etc., consommation qui augmente chaque jour, diminuent rapidement les richesses du bassin houiller de la Loire et font entrevoir des besoins bien supérieurs à la production.

Il est donc du plus grand intérêt de pourvoir à cette consommation croissante, en donnant de l'extension à des exploitations qui languissent aujourd'hui, faute de moyens de transport facile et économique, nous ajouterons même faute de moyens possibles de transport, comme on le verra lorsque nous présenterons le tableau de la circulation actuelle sur la route d'Unieux et de Firminy à Saint-Étienne.

PÉNURIE ACTUELLE DE HOUILLE ET DE COKE.

Tandis que naguère l'extraction, même sur une échelle restreinte, était supérieure à la consommation normale, à cette heure la houille et le coke manquent à peu près sur tous les points de la production. De différents côtés les usiniers et les fabricants réclament du combustible avec la plus vive insistance, et souvent en vain : les hauts-fourneaux qui sont construits dans la vallée du Rhône, les usines, les diverses fabriques de Lyon et d'autres localités s'arrêtent quelquefois, faute d'approvisionnements suffisants en houille ou en coke, et seraient bientôt forcés de chômer longtemps, si l'état actuel de la production continuait ; même les chemins de fer ne peuvent plus être servis ou le sont mal. Or, les chemins de fer exigent du coke d'excellente qualité, tant pour l'économie que pour la facilité et la régularité de la traction. Des essais ont été faits dernièrement pour employer des cokes provenant d'autres bassins que celui de la Loire ; mais ces essais n'ayant pas été heureux (1), les compagnies de chemins de fer sont obligées d'aller chercher à l'étranger et à des prix onéreux le coke dont elles ont besoin , puisque le bon coke est l'élément indispensable de la traction.

Aujourd'hui , non-seulement les consommateurs ne peuvent plus trouver à passer des marchés importants avec les producteurs, mais encore les anciens marchés ne peuvent être tenus par les fournisseurs. De là résulte évidemment une grave perturbation dans l'économie industrielle, dans le service des chemins de fer, etc.

Si les besoins actuels réclament une plus grande production, quelle serait la pénurie avec l'accroissement de la consommation ? D'autre part, des qualités supérieures étant nécessaires pour certains usages, comment pouvoir se procurer ces qualités? et comment éviter les fraudes, malgré les moyens employés par le lavage, etc., pour obtenir de bon coke avec des houilles de médiocres qualités?

Outre ces obstacles que rencontrent les consommateurs , il en est un autre qui résulte des prix élevés de la houille et du coke.

A Saint-Etienne le prix moyen de la tonne de houille, rendue au chemin de fer, à Bérard, est au moins de 12 fr.; celui de la tonne de coke est au moins de 25 fr. Ces prix, qui atteignent des chiffres encore plus élevés pour les qualités de choix, tendent à augmenter chaque jour.

Voyant des prix si élevés et la pénurie de combustible à Saint-Etienne , les consommateurs qui ont besoin de charbon de bonne qualité ont tourné leurs regards vers les bassins de la Belgique et de l'Angleterre. Mais d'un côté, la houille n'est plus aussi abondante sur le carreau des mines en réputation de la Belgique et de l'Angleterre ; d'autre côté, les prix ont subi une grande hausse dans ces deux pays : par exemple, dans le bassin houiller du centre de la Belgique la tonne des charbons ordinaires est vendue 11 fr. 50 c. sur le

---

(1) Les retards qu'éprouvent souvent les convois sont dus fréquemment à la mauvaise qualité du coke, qui ne donne pas assez de chaleur ou qui obstrue les grilles.

carreau, et la tonne des fines forges 12 fr. En sus de ces prix, qui en définitive sont presque aussi élevés qu'à Saint-Etienne, il y a à tenir compte des droits d'entrée, des frais de transport et même des qualités, car souvent les charbons étrangers ne valent pas ceux du bassin de la Loire pour certains usages.

Deux compagnies tiennent dans leurs mains la majeure partie des richesses du bassin houiller de la Loire. Or, la compagnie des mines de la Loire ainsi que celle des mines de Firminy et de Roche-la-Molière sont insuffisantes pour fournir à la consommation actuelle, et de longtemps ne pourront, si elles le peuvent jamais, maintenir l'équilibre entre la production et la consommation. Nous ne discuterons pas les causes de cette insuffisance ; nous dirons seulement qu'elle provient, d'une part, de la petite échelle des travaux préparatoires qui sont exécutés par ces compagnies ; d'autre part, d'obstacles qui découlent des conditions difficiles dans lesquelles elles se trouvent sur plusieurs points, et peut-être de leurs organisations respectives.

Quoi qu'il en soit des conditions respectives dans lesquelles se trouvent la compagnie des mines de la Loire, celle des mines de Firminy et les autres exploitants, il y a deux faits qui dominent tout, ce sont : l'insuffisance de la production et le prix élevé du combustible. A cet égard nous rapporterons les vœux exprimés par deux organes officiels des intérêts publics.

Vœu du Conseil général du département de la Loire

(Session de 1853.)

« Le conseil général

« Renouvelle auprès du gouvernement l'expression des inquiétudes graves qui continuent d'agiter les industriels, les ouvriers et les consommateurs de houille, par suite de la concentration sans autorisation, dans les mains de la compagnie des mines de la Loire, de la plus grande partie des richesses houillères de l'arrondissement de Saint-Étienne. »

Vœu de la Chambre de commerce de Lyon.

(Séance du 8 septembre 1853.)

« M. le président fait le rapport suivant :

« Messieurs,

« La hausse considérable que le prix de la houille a subie cause une vive émotion dans notre population laborieuse ; elle impose une lourde charge à la classe ouvrière dans sa consommation domestique ; elle affecte le travail dans un grand nombre de produits dont elle est l'agent indispensable. La cause essentielle de cet état de choses provient sans doute du défaut d'équilibre entre la consommation et la production, sans qu'il soit possible de l'imputer à d'autres causes certaines. Personne, en effet, ne pouvait prévoir l'accroissement énorme de la consommation ; et, d'ailleurs, ce fait eût-il été prévu, qu'il eût été impossible de l'éviter dans un temps aussi court que celui pendant lequel il s'est produit.

« Il faut cependant reconnaître que l'opinion publique est disposée à attribuer la hausse à d'autres causes que celles que je signale, et qu'elle se livre à des récriminations fâcheuses et sans doute injustes. Il me paraît évident que, dans de telles circonstances, il doit convenir au gouvernement de donner au public la seule satisfaction qu'il soit en son pouvoir de lui offrir, c'est-à-dire, que par analogie à ce qui a été fait pour les céréales, la houille doit être placée dans les mêmes conditions commerciales que cette denrée alimentaire de première nécessité. Ainsi, il y a convenance à ce que les droits qui frappent les houilles étrangères à leur entrée en France soient immédiatement abolis.

« Je ne prétends pas qu'à l'aide de cette mesure le prix de la houille doive sensiblement diminuer, du moins dans nos contrées ; mais il est évident que , lorsque cette denrée se vendra à son prix naturel, au moyen de la concurrence étrangère, on devra subir la hausse avec résignation, et que sous aucun prétexte on ne pourra l'attribuer à des causes exceptionnelles de localité.

« La Chambre,

« Ouï l'exposé qui précède, et après en avoir délibéré ;

« Considérant que la hausse du prix de la houille aggrave la position déjà fâcheuse de la classe ouvrière, en ajoutant aux charges de sa consommation domestique, et qu'elle affecte le travail dans un grand nombre de produits dont elle est l'élément indispensable ;

« Considérant que l'opinion publique est disposée à attribuer cette hausse à des circonstances locales, qu'il n'est au pouvoir de personne de faire cesser, bien que la cause essentielle se trouve dans le défaut d'équilibre entre la consommation et la production ;

« Considérant qu'il est de la plus haute importance d'employer les moyens qui sont de nature à ramener le prix de cette denrée de première nécessité à son taux naturel, s'il s'en est écarté ;

« Considérant que le seul moyen d'arriver à ce résultat est d'établir la concurrence entre la houille étrangère et la houille française, ainsi que, du reste, la Chambre de commerce l'a toujours demandé ;

« Émet le vœu :

« Que les droits qui frappent la houille à son entrée en France soient immédiatement abolis, et qu'elle puisse être importée par frontière de terre, comme par frontière de mer, et par navires étrangers aux mêmes conditions que par navires français.

« Et sera la présente délibération transmise à M. le conseiller d'État, chargé de l'administration du département du Rhône, avec prière de vouloir bien l'appuyer de son avis favorable auprès du gouvernement. »

Nous pourrions ajouter beaucoup d'autres expressions des vœux de la population ; mais nous croyons devoir nous borner aux citations officielles qui précèdent. Un gouvernement éclairé et soucieux des intérêts publics, comme l'est celui de Sa Majesté, ne saurait rester sourd à des sollicitations aussi pressantes des populations. D'ailleurs n'est-il pas d'une bonne politique de maintenir des prix modérés pour les matières premières, de donner un travail régulier à des bras inoccupés, de satisfaire aux besoins de l'industrie, de l'agriculture, du commerce, en un mot au bien-être et aux désirs raisonnés des populations ?

Pour atteindre tous ces buts, le moyen le plus facile, le plus efficace est, en l'espèce, de favoriser autant que possible le développement des exploitations et des usines sérieuses, par l'amélioration des moyens de transport et en général de la circulation. C'est à ce point de vue que nous avons porté la principale question, et que les mines d'Unieux et Fraisse ont, il nous semble, des droits à la bienveillante sollicitude du gouvernement.

IMPORTANCE DES MINES D'UNIEUX ET FRAISSE.

La concession d'Unieux et Fraisse a été accordée le 20 novembre 1825.

Quoique la date de la concession d'Unieux et Fraisse soit déjà ancienne, cette concession est restée jusqu'à ces derniers temps dans un véritable état de langueur. Les causes de cet état étaient : 1° l'inhabilité et le défaut de ressources des personnes qui la possédaient ; 2° le bas prix du charbon ; 3° la difficulté et même l'impossibilité des transports sur une échelle suffisante. Laissant de côté les causes inhérentes aux propriétaires de la concession, nous dirons que naguère la tonne de houille valait sur le carreau à peine de 4 à 5 fr. ; que le prix des transports jusqu'à Saint-Etienne (1), joint au prix d'extraction et aux dépenses diverses, atteignait le prix de vente, quand il ne le dépassait pas.

Ce n'est que depuis trois années environ que la concession d'Unieux et Fraisse est passée dans des mains plus solides ; aussi n'est-ce que depuis ce moment qu'elle a pris un développement sérieux et une

_____

(1) Aujourd'hui, le prix de transport jusqu'à la gare de Bérard varie de 4 à 5 fr. par tonne pour la houille, et de 5 à 6 fr. pour le coke.

importance réelle, développement et importance qui sont néanmoins paralysés par le défaut de moyens de transport facile et économique.

La concession d'Unieux et Fraisse est située à l'extrémité occidentale du bassin houiller ; d'un côté elle est limitée par la concession de Firminy et de Roche-la-Molière, d'un autre côté elle touche à la Loire.

La concession d'Unieux et Fraisse est en étendue la quatrième du bassin de la Loire ; sa superficie, suivant l'ordonnance, est de 702 hectares, mais en réalité elle atteint environ 800 hectares, si l'on calcule d'après les limites fixées dans l'ordonnance et le relevé cadastral : cette différence provient d'une erreur de calcul, et les limites établissent seules l'étendue réelle de la concession.

Quoique la concession d'Unieux et Fraisse n'arrive, comme étendue, qu'en quatrième ligne parmi les soixante-cinq concessions du bassin, elle n'en est pas moins l'une des plus importantes : d'une part, elle est pour ainsi dire vierge ; d'autre part, les couches y sont très nombreuses et d'une puissance considérable, quelquefois même exceptionnelle.

A la faveur des affleurements et des travaux, on y a reconnu au moins onze couches ; la moins puissante est de 1 m. 25, et, dans certains endroits, on peut voir à découvert une épaisseur de plus de 5 m. de charbon.

Presque toutes les couches sont en affleurements ; ceux-ci sont très multipliés, et l'on peut, sur plusieurs points, exploiter soit en galeries directes, soit même à œil ouvert.

La houille y est en général de première qualité : aussi, la majeure partie du charbon peut-elle être convertie en coke de première qualité.

L'exploitation sérieuse de la concession commence à peine, les travaux actuels n'ont même pour but que de la préparer sur une vaste échelle.

Les produits de l'exploitation sont vendus en nature et en coke.

La concession se divise naturellement en trois parties distinctes ou en trois sous-bassins : 1° sous-bassin d'Unieux ; 2° sous-bassin de Vigneron ; 3° sous-bassin de Montessut.

Le sous-bassin d'Unieux comprend : Unieux, Combe-Blanche, les Planches et Côte-Martin.

Dans ce sous-bassin, qui a environ 5 kilomètres de l'E. à l'O., et de 2 à 3 kilomètres du N. au S., le charbon existe partout et en masses si considérables, qu'on serait porté à croire que, dans cette seule localité, il y a autant et même plus de charbon que dans la concession la plus riche du bassin de la Loire. On pourrait y creuser un très grand nombre de puits, qui tous arriveraient infailliblement à rencontrer les couches de houille. Au reste, avec un nombre de puits même restreint, on mettra sur le carreau annuellement une énorme quantité de charbon.

Toutes les couches du sous-bassin d'Unieux, traversées par les puits ou galeries et reconnues aussi par les affleurements, ont une même direction générale (du S. au N. de la concession), et, d'après leur inclinaison moyenne, elles doivent se trouver, dans le centre de ce sous-bassin, à 300 mètres environ de profondeur, si elles ne se relèvent pas.

Parmi les affleurements, on peut citer : au N. de la concession, ceux d'Unieux, de l'Hôpital, de Dera, de la Bonté, de l'Arlier, de Riotort ; à l'O., ceux de Côte-de-Loire, de Cornillion, des Granges ; au S., ceux de Côte-Martin, des Planches, de Combe-Blanche ; à l'E., ceux de Combe-Blanche, de Fidel et de le Doux.

A Unieux, dans la petite vallée du ruisseau de la Triolière, un puits est en creusement.

A Combe-Blanche on a reconnu, à la faveur des nombreux affleurements, qu'il y a, dans cette localité, onze couches de houille superposées et exploitables.

Trois puits sont au charbon. Le n° 1 a rencontré la cinquième couche à 34 m. de profondeur ; les quatre supérieures affleurent entre lui et le puits n° 2. Ce dernier puits, creusé jusqu'à 140 m., a rencontré six couches de charbon, toutes exploitables, et dont l'ensemble a une épaisseur de 14 à 15 m. Le n° 3, foncé jusqu'à 40 m., a déjà trouvé une couche de 1 m. 75 d'épaisseur, et rencontrera bientôt les autres couches traversées par le puits n° 2.

Une fendue ou galerie d'inclinaison (de 45°), pratiquée près du puits n° 1, descend dans la mine ; cette descenderie est munie d'un chemin de fer.

Aux Planches deux puits sont en creusement. Le n° 1 a traversé à 37 m. de profondeur une couche de 3 m. 60 de puissance ; il vient d'en rencontrer une deuxième. Ces couches, inclinant régulièrement vers le puits n° 2, y seront trouvées à 100 ou 120 m. de profondeur. Il y a en outre, dans la plaine des Planches, un troisième puits qui a 120 m. de profondeur.

Une galerie horizontale à travers bancs et à fond de niveau est au charbon ; partant du niveau de la vallée des Planches, elle s'avance à la rencontre du puits n° 1. Par cette galerie on sortira le charbon directement de la mine, ce qui fera du champ d'exploitation des Planches une exploitation très avantageuse.

A Côte-Martin un puits est en creusement ; il a déjà plus de 100 m., et doit arriver au charbon à la profondeur de 120 à 140 m. Les galeries pratiquées le long du ruisseau de la Vaure ont rencontré des couches d'une puissance extraordinaire ; le puits en traversera au moins six, qui sont bien connues par les affleurements et les galeries de niveau.

Le sous-bassin de Vigneron comprend la partie de la concession limitée par les affleurements de Dubouchet, de Chaleyer, de Girard, etc., qui démontrent que ce sous-bassin offre aussi de grandes ressources.

Au Pont-du-Sauze deux puits sont en creusement. Le n° 1 est à 240 m. et le n° 2 à 50 m. de profondeur. Dans le puits n° 1 une galerie à fond de niveau est déjà à 40 m. d'avancement.

Le sous-bassin de Montessut comprend la partie S. de la concession.

Deux puits sont au charbon. Ces deux puits, le premier de 80 m., et le second de 100 m. de profondeur, ont traversé deux couches de houille ; l'une de 3 m. et l'autre de 1 m. 25 de puissance.

Résumé des travaux, des constructions, du matériel, etc.

En résumé, il y a déjà dans la concession d'Unieux et Fraisse :

14 puits ;

2 galeries de service, sans compter les galeries d'exploitation ;

2 chemins de fer à 2 voies, l'un avec plan automoteur vers l'arrivée et d'une longueur de 1,000 m. (1), l'autre d'une longueur de 200 m. (2) ;

3 machines à vapeur, la première de la force de 50 chevaux, les deux autres de 40 chevaux ;

5 vargues avec leurs agrès ;

30 fours à çoke de grande dimension, dont 9 en activité ;

Diverses constructions pour les bureaux, pour logement d'ouvriers, pour les machines, les magasins, les ateliers, etc. ;

Enfin le matériel correspondant à l'exploitation et aux différents services.

L'extraction actuelle est au minimum de 100 tonnes de houille par jour ; elle est limitée au puits n° 2 de Combe-Blanche, et cela par les motifs que nous allons exposer. Le chiffre de 100 tonnes, quoique très restreint, est déjà d'un grand embarras pour la concession d'Unieux et Fraisse : car , vendus d'avance et accaparés sur le port sec de Bérard, les charbons n'y arrivent qu'avec beaucoup de peine ; et malgré l'élévation du prix des transports qui, de 3 fr. par tonne, est monté à 4 et à 5 fr., on ne peut maintenant se procurer des voitures en nombre suffisant ; dans quelque temps même il faudrait, au lieu de l'étendre, diminuer l'extraction. Or, comment ferait-on, si l'on exploitait par tous les puits ?

(1) Celui pour le service des exploitations de Combe-Blanche.
(2) Celui pour le service des exploitations des Planches.

Aujourd'hui les transports ne peuvent avoir lieu que par les routes ordinaires. La question des transports est donc la question essentielle de la concession d'Unieux et Fraisse : sans le chemin de fer projeté, cette concession resterait stérile et deviendrait même une lourde charge pour les exploitants.

Dans la conviction que le gouvernement nous accorderait d'urgence l'autorisation d'exécuter le chemin de fer projeté, nous avons non-seulement porté les travaux sur l'échelle indiquée ci-dessus, mais encore nous avons établi les projets nécessaires pour le fonçage de 16 nouveaux puits avec leurs galeries, et pour la construction de 400 fours à coke. Par ce développement de travaux et par l'exécution du chemin de fer avec ses embranchements pour le service des différents centres de l'exploitation, la concession d'Unieux et Fraisse deviendra certainement la plus considérable, la plus importante du bassin de la Loire.

IMPORTANCE DES MINES DE FIRMINY, DES MINES DES ENVIRONS DU CHAMBON, DE LA RICAMARIE, ETC.

Tout le monde connaît l'importance des mines de Firminy ; mais ces mines ne donnent pas annuellement toute la quantité de charbon qu'elles pourraient produire. Parmi les principales causes de cette production restreinte se trouve toujours en première ligne la difficulté des transports. L'exécution du chemin de fer projeté faciliterait l'écoulement des produits de l'exploitation actuelle; elle permettrait aussi de développer considérablement l'extraction aux environs de Firminy et de la Malafolie. Il en serait de même pour les mines comprises entre la Malafolie et Montrambert, mines qui sont à peu près inactives aujourd'hui. D'autre part, les mines des environs de Montrambert sont si importantes qu'elles avaient autrefois nécessité l'établissement du petit chemin de fer de Montrambert à Saint-Étienne. Mais ce chemin, outre l'impossibilité dans laquelle il est, par suite de son tracé défectueux et de sa mauvaise exécution, de satisfaire convenablement aux conditions des transports, ne peut depuis longtemps suffire à la production; de plus les tarifs des transports sont si élevés que les exploitants préfèrent la voie de terre ordinaire (1). Le chemin de fer projeté rendrait certainement de grands services à ces dernières exploitations. Enfin, les nombreuses et importantes exploitations des environs de la Ricamarie se trouvent, comme les précédentes, dans des conditions trop difficiles pour les arrivages à Saint-Etienne.

L'établissement du chemin de fer projeté imprimerait donc une nouvelle vie à toutes les exploitations depuis Unieux jusqu'à la Croix de l'Orme, et serait un bienfait tant pour les exploitants que pour les consommateurs. Cette vérité est trop évidente pour chercher à la démontrer.

A Firminy et à la Malafolie on tire annuellement environ. . . . . . . 120,000 tonnes de houille ;
    Aux environs de Montrambert et de la
Ricamarie on peut extraire environ. . 125,000   —
    En comptant l'extraction actuelle des
mines d'Unieux et Fraisse, soit environ. 35,000   —

On aurait un total de. . . . . . 280,000 tonnes de houille,

(1) Le prix du transport est de 20 c. par tonne et par kilomètre, non compris les droits d'embranchements, qui sont par tonne :

1°	des Plâtrières, de Palluat, de Montsalson,	1 fr. 25 c.	
2°	de la Grangette, de Montmartre, de Beaubrun,	1 fr. 37 c.	
3°	des Littes,	1 fr. 73 c.	
4°	de Barlet, de Montrambert,	1 fr. 85 c.	

pour la production approximative des mines qui sont situées auprès du chemin de fer projeté.

Au Pont-du-Sauze il y a les fours à coke des usines Holtzer et ceux de la compagnie des mines d'Unieux et Fraisse, à la Malafolie les fours à coke de la compagnie de Firminy, et à Firminy une fabrique de noir de fumée.

IMPORTANCE DE DIVERSES INDUSTRIES.

Outre les exploitations et les usines que nous venons d'indiquer, il existe dans la localité différentes branches d'industrie pour lesquelles le chemin de fer projeté serait d'un grand secours.

Carrières, sable, chaux, briques, bois, etc.

Il y a auprès du Mas, du Montcel, etc., des exploitations assez importantes de pierres de construction et de meules. D'autre part, on retire de la Loire des masses considérables de sable et des cailloux roulés pour la fabrication de la chaux. Enfin des briqueteries, des fours à chaux et diverses autres petites industries sont disséminées, çà et là, depuis la Loire jusqu'à Saint-Etienne.

Presque tout le bois nécessaire pour l'étançonnage des mines des environs de Saint-Etienne arrive de la partie élevée de la Loire, soit par le Pertuizet, soit par Andrezieux. Les bois qui ne descendent pas jusqu'à Andrezieux sont aujourd'hui déposés au Pertuizet, auprès de la Loire, d'où on les transporte sur des chars aux diverses mines. Une partie aussi des bois employés dans les fabriques, les usines, les constructions, etc., viennent également des bords de la Loire. Lorsque le chemin de fer d'Unieux à Saint-Etienne sera construit, tous les bois s'arrêteront au Pertuizet et seront amenés à la gare d'Unieux, où ils auront un transport régulier, sûr, prompt et économique, jusqu'aux différents centres de consommation.

Martinets.

Dans les communes d'Unieux et du Chambon-Feugerolles, il y a quatorze martinets, sans compter ceux des fabriques d'acier.

Deux martinets sont situés sur la rivière de l'Ondaine,

Deux sur celle de l'Ondenon,

Et dix sur celle de Cotatey.

Pour ces quatorze martinets, l'entrée en fer est, par année, environ de 550 tonnes ; la sortie en fer est environ de 300 tonnes.

Le surplus rentre dans les établissements de la localité, où leur sortie est comptée.

Fabriques de fer.

Dans la commune du Chambon-Feugerolles, il y a trois fabriques de fer :

Une sur la rivière de Cotatey,

Une sur celle de l'Ondaine, à la Fenderie-Neuve,

Et une sur la même rivière, à la Bargette.

Ensemble ces trois fabriques reçoivent en fonte par année environ 5,000 tonnes, et fournissent en fer environ 4,000 tonnes.

Fabriques d'acier.

Dans les communes d'Unieux et du Chambon-Feugerolles, il y a deux importantes fabriques d'acier :

Une sur la rivière de l'Ondaine, avec des martinets auxiliaires sur la même rivière, outre ceux de l'établissement principal ;

L'autre sur la rivière de Cotatey, aussi avec martinets auxiliaires.

Dans ces deux fabriques, il entre annuellement :

En fer, environ 2,000 tonnes ;

En terre réfractaire, 900 tonnes ;

En fonte, bois et autres objets, 500 tonnes.

On y produit en acier environ 1,500 tonnes.

Fabrique de faulx et de pelles.

Dans la commune de Firminy, il y a une fabrique de faulx et de pelles.

L'entrée en fer par année est d'environ 110 tonnes, et la sortie en produits d'environ 100 tonnes.

Usines à aiguiser.

Dans la commune du Chambon-Feugerolles, il y a cinq usines à aiguiser :

Une sur la rivière de Cotatey,

Quatre sur le cours d'eau de la Vacherie.

Ensemble elles reçoivent en objets à aiguiser, annuellement, environ 360 tonnes ; la sortie en produits est représentée à peu près par le même nombre de tonnes.

Fabriques de limes, de boulons, de vis à bois, etc.

La fabrication des limes, des boulons et des vis à bois, a lieu dans dix usines, qui sont situées à Firminy, au Chambon-Feugerolles et à Trablène.

Ces usines reçoivent en fer et acier annuellement environ 1,400 tonnes ; il en sort en produits à peu près 1,150 tonnes.

Clouteries.

L'industrie de la clouterie est exercée par douze fabricants, au moyen d'un grand nombre de petites forges et d'ouvriers répandus dans le canton du Chambon-Feugerolles ; mais le centre de la fabrication est à Firminy.

On reçoit en fer annuellement environ 1,500 tonnes, et l'on expédie en produits environ 1,200 tonnes.

Fabriques de cuillers à pot.

Des fabriques de cuillers à pot sont répandues dans les communes de Firminy et de la Ricamarie.

Elles reçoivent en fer battu et en étain annuellement environ 32 tonnes ; elles expédient en produits environ 31 tonnes.

Serrurerie et coutellerie.

Dans la commune du Chambon-Feugerolles, il y a quelques petites fabriques de couteaux, et dans la commune de la Ricamarie quelques petites fabriques de serrures.

Entrée et sortie pour mémoire.

Verrerie.

Il y a une petite fabrique de verre blanc à la Ricamarie.

Il entre dans cette fabrique, en briques réfractaires et autres matières, sans y comprendre le sable, annuellement environ 55 tonnes ; la sortie en verre est de 25 tonnes environ.

Papeteries.

Sur la rivière de Cotatey, il y a deux papeteries dont les entrées et les expéditions sont assez importantes.

Scierie à eau, filature de laine, foulon, teinturerie.

Aux Trois-Ponts, dans la commune de Firminy, et sur la rivière de l'Ondaine, une scierie à eau, une filature de laine, un foulon et une teinturerie appartiennent à un seul propriétaire.

Il y entre en objets divers par année environ 52 tonnes; il en sort en produits environ 50 tonnes.

Moulins à soie.

Six moulinages de soie sont situés sur les cours d'eau de l'Ondaine et de la Vacherie.

Il y entre et il en sort un poids de marchandises assez important.

Fabriques de rubans.

La fabrication des rubans occupe, dans le canton du Chambon-Feugerolles, 800 métiers de basse-lisse, et le découpage des rubans emploie environ 700 ouvrières.

Industries diverses.

Il existe, depuis la Loire jusqu'à Saint-Étienne, comme dans tous les pays très peuplés, un grand nombre d'autres industries. En outre, dans les détails que nous avons donnés, nous n'avons pas tenu compte des usines et fabriques qui se trouvent près de Valbenoite et de Saint-Étienne.

Résumé.

Il serait très difficile de présenter le tableau complet du mouvement pour toutes les matières relatives aux différentes industries que nous venons de mentionner ; mais il résulte de l'exposition précédente que les transports sont considérables, variés, et que la plus grande partie soit des matières premières, soit des produits, ont besoin d'une voie régulière, prompte et économique.

IMPORTANCE DE L'AGRICULTURE ET DU COMMERCE.

L'établissement du chemin de fer projeté deviendra aussi d'un grand secours pour l'agriculture et différentes branches du commerce, comme nous allons le démontrer.

Depuis les bords de la Loire jusqu'à Saint-Étienne, toutes les vallées sont fertiles ; les céréales et les fourrages forment la base des produits agricoles : aussi les terrains sont-ils en général d'un prix très élevé. Le chemin de fer projeté, qui traversera la partie la plus fertile, non-seulement rendra des services réels aux nombreuses populations agricoles des vallées ; mais encore il sera d'un avantage incontestable pour les populations des montagnes, jusqu'à une assez grande distance, en facilitant l'écoulement de leurs produits agricoles, et l'arrivée au milieu d'elles de denrées et d'objets de première nécessité qu'elles tirent de pays éloignés. Des moyens de circulation réguliers, prompts et économiques, multiplieront évidemment les relations entre les populations qui ne seront pas à une trop grande distance de la ligne, et ajouteront à leur bien-être.

Les marchés de Firminy, du Chambon et surtout de Saint-Étienne, dont la population croît si rapidement, seraient plus sûrement approvisionnés. Or, l'approvisionnement économique et assuré d'un centre de consommation est une question essentielle pour les classes laborieuses.

5

Quoique la distance d'Unieux à Saint-Étienne ne soit pas considérable, l'établissement du chemin de fer n'en facilitera pas moins les
rapports des montagnes situées aux environs de la Loire avec Lyon
et la vallée du Rhône.

Enfin, un autre point de vue, certainement d'un grand intérêt pour la population de Saint-Étienne, c'est la facilité qu'elle aura
pour se rendre à la Loire, comme lieu d'agrément et comme hygiène.
Saint-Étienne n'a aucun endroit de promenade ni aucune rivière pour
prendre des bains. Lorsque les habitants de cette ville d'industrie veulent se reposer de leurs fatigues par la vue de la campagne, ou lorsqu'ils veulent prendre des bains, ils sont obligés de se rendre aux
environs du Pertuizet, où ils trouvent de l'air, la Loire et des sites pitto-
resques. Aussi la route de Saint-Étienne au Pertuizet est-elle excessi-
vement fréquentée pendant l'été et surtout pendant la saison des bains.
L'hiver même, les bords de la Loire ne seront pas à dédaigner par les
habitants de Saint-Étienne.

Pour donner une idée des relations qui existent aujourd'hui aux environs de la ligne projetée, nous allons présenter les chiffres des populations, indiquer les foires, les marchés et les chiffres de la circulation.

Canton du Chambon.	Unieux.	1,682	
	St-Paul en Cornillon.	548	
	Caloire.	242	
	Chazeau.	630	15,749 habitants.
	Fraisse.	666	
	Firminy.	5,374	
	Chambon-Feugerolles	3,868	
	Ricamarie.	2,739	
Saint-Étienne et la banlieue.	Beaubrun.		
	Valbenoîte.		
	Saint-Étienne		78,189 habitants.
	Montaud.		
	Outre-Furens		

Sans compter les foires et les marchés de Saint-Étienne et de la banlieue, à Firminy, il y a trois foires et marché tous les jeudis; au Chambon-Feugerolles, cinq foires et marché tous les lundis. Dans cette dernière ville, les foires et les marchés sont très importants.

Afin de pouvoir apprécier la circulation sur la route impériale n° 88, de Lyon à Toulouse, qui, à Firminy, s'embranche avec le chemin de grande communication n° 3 de cette dernière ville à Saint-Bonnet-le-Château, nous avons dressé les tableaux ci-contre.

CIRCULATION PENDANT 7 JOURS ET 7 NUITS

SE DIRIGEANT VERS SAINT-ÉTIENNE.

DÉSIGNATION.	NOMBRES.	NOMBRES de chevaux ou mulets.	NOMBRES de bœufs.	NOMBRES d'ânes.
Station n° 1, à l'entrée de Firminy, en venant de la Loire, sur le chemin				
Diligences.	"	"	"	"
Omnibus.	15	36	"	"
Voitures particulières.	247	258	"	"
Voitures de houille et de coke. .	418	527	222	60
Voitures d'objets divers.	227	263	130	23
Personnes à cheval.	96	109	6	13
Piétons sans voitures ni chevaux.	1198	6	"	86
		1199	358	182
Station n° 2, à l'entrée de Firminy, en venant du Puy,				
Diligences.	35	133	"	"
Omnibus.	3	6	"	"
Voitures particulières.	98	110	"	1
Voitures de houille et de coke. .	1	4	2	1
Voitures d'objets divers.	377	517	188	76
Personnes à cheval.	71	68	"	5
Piétons sans voitures ni chevaux.	667	"	12	13
		838	202	96
Station n° 3, à l'entrée du Chambon-Feugerolles, en venant				
Diligences.	35	148	"	"
Omnibus.	162	454	"	"
Voitures particulières.	247	324	"	4
Voitures de houille et de coke. .	900	1057	759	136
Voitures d'objets divers.	520	778	194	65
Personnes à cheval.	155	157	40	3
Piétons sans voitures ni chevaux.	975	"	4	1
		2918	997	209

OU EN UNE SEMAINE.				MOYENNE DE LA CIRCULATION PENDANT 24 HEURES OU EN UN JOUR.			
SE DIRIGEANT VERS LA LOIRE.				DANS LES DEUX DIRECTIONS.			
NOMBRES.	NOMBRES de chevaux ou mulets.	NOMBRES de bœufs.	NOMBRES d'ânes.	NOMBRES.	NOMBRES de chevaux ou mulets.	NOMBRES de bœufs.	NOMBRES d'ânes.

de grande communication n° 3 de Firminy à Saint-Bonnet-le-Château.

NOMBRES.	de chevaux ou mulets.	de bœufs.	d'ânes.	NOMBRES.	de chevaux ou mulets.	de bœufs.	d'ânes.
13	30	"	"	2	9 3/7	"	"
272	277	"	"	74 1/7	76 3/7	"	"
163	179	108	22	83	100 6/7	47 1/7	11 5/7
401	454	202	53	89 5/7	102 3/7	47 3/7	10 0/7
89	81	"	15	26 3/7	27 1/7	" 6/7	4 "
1174	"	"	84	338 6/7	0 6/7	"	24 2/7
	1021	310	174		317 1/7	95 3/7	50 0/7

sur la route impériale n° 88 de Lyon à Toulouse.

34	132	"	"	9 6/7	37 6/7	"	"
2	4	"	"	" 5/7	1 3/7	"	"
75	86	"	1	24 6/7	28	"	" 2/7
161	302	112	43	23 1/7	43 5/7	16 1/7	6 1/7
302	484	160	49	97	143	49 5/7	17 6/7
37	35	"	5	15 3/7	14 6/7	"	1 1/7
692	"	"	8	194 1/7	"	1 5/7	3 "
	1043	272	106		268 5/7	67 3/7	28 6/7

de Firminy, sur la route impériale n° 88 de Lyon à Toulouse.

32	141	"	"	9 4/7	41 2/7	"	"
160	456	"	"	46	130	"	"
269	280	"	"	73 5/7	86 2/7	"	" 4/7
711	762	502	123	230 1/7	259 0/7	180 1/7	37 "
576	744	182	62	156 4/7	217 3/7	53 5/7	18 1/7
173	173	4	8	46 6/7	47 1/7	6 6/7	1 4/7
907	"	"	2	268 6/7	"	" 4/7	" 3/7
	2556	688	195		782	240 5/7	57 6/7

		CIRCULATION PENDANT 7 JOURS ET 7 NUITS		

		SE DIRIGEANT VERS SAINT-ÉTIENNE.		
DÉSIGNATION.	NOMBRES.	NOMBRES de chevaux ou mulets.	NOMBRES de bœufs.	NOMBRES d'ânes.
		Station nº 4, à la Ricamarie, sur la route		
Diligences.	35	137	"	"
Omnibus.	213	549	"	"
Voitures particulières.	337	352	"	"
Voitures de houille et de coke. .	992	1412	1111	173
Voitures d'objets divers.	771	1232	348	95
Personnes à cheval.	175	175	"	"
Piétons sans voitures ni chevaux.	2077	"		
		3857	1459	268
		Station nº 5, à la Croix de l'Orme, sur la		
Diligences.	38	154	"	"
Omnibus.	236	654	"	"
Voitures particulières.	262	282	"	"
Voitures de houille et de coke. .	1485	2143	1266	301
Voitures d'objets divers.	868	1497	254	87
Personnes à cheval.	213	299	6	"
Piétons sans voitures ni chevaux.	2231	"	"	"
		5029	1526	388

Pour avoir des nombres moyens, nous avons pris une époque de l'année qui exprimât le mieux possible ces nombres; nous avons donc choisi la belle saison, pendant laquelle les récoltes ont lieu et pendant laquelle les routes sont dans le meilleur état, mais pendant laquelle les transports de charbon et de coke sont moins urgents; d'autre part, nous avons choisi des compteurs sûrs, exercés; de plus, nous

OU EN UNE SEMAINE.				MOYENNE DE LA CIRCULATION PENDANT 24 HEURES OU EN UN JOUR.			
SE DIRIGEANT VERS LA LOIRE.				DANS LES DEUX DIRECTIONS.			
NOMBRES.	NOMBRES de chevaux ou mulets.	NOMBRES de bœufs.	NOMBRES d'ânes.	NOMBRES.	NOMBRES de chevaux ou mulets.	NOMBRES de bœufs.	NOMBRES d'ânes.

impériale n° 88 de Lyon à Toulouse.

39	159	"	"	10 $4/7$	42 $3/7$	"	"
193	523	"	"	58	153 $1/7$	"	"
295	308	"	"	90 $2/7$	94 $2/7$	"	"
771	901	592	119	251 $6/7$	330 $2/7$	243 $2/7$	41 $5/7$
791	1017	320	94	223 $1/7$	321 $2/7$	95 $3/7$	27
148	148	"	"	46 $1/7$	46 $1/7$	"	"
1320	"	"	"	485 $2/7$	"	"	"
	3056	912	213		987 $4/7$	338 $5/7$	68 $5/7$

route impériale n° 88 de Lyon à Toulouse.

30	126	"	"	9 $5/7$	40	"	"
215	550	"	"	64 $3/7$	172	"	"
263	280	"	"	75	80 $2/7$	"	"
547	952	333	101	290 $2/7$	442 $1/7$	228 $3/7$	57 $3/7$
1643	2730	722	236	358 $5/7$	603 $6/7$	139 $3/7$	46 $1/7$
225	249	95	24	62 $4/7$	78 $2/7$	14 $3/7$	3 $3/7$
2036	"	"	"	609 $4/7$	"	"	"
	4887	1150	361		1416 $4/7$	382 $3/7$	107

avons multiplié le nombre des compteurs et les lieux d'observation.

Outre la route impériale n° 88 et le chemin de grande communication n° 3, il y a l'ancienne route de Saint-Étienne à Firminy et un chemin de traverse de Saint-Étienne à Unieux, que prennent souvent les piétons et les personnes à cheval, qui suivront au reste la voie ferrée lorsqu'elle sera établie.

Enfin, si l'on prend un point moyen sur la route de Saint-Étienne à la Loire, on a le tableau suivant, qui exprime la circulation moyenne.

MOYENNE DE LA CIRCULATION				
SUR LE PARCOURS MOYEN EN UN JOUR.				
DANS LES DEUX DIRECTIONS.				
DÉSIGNATION.	NOMBRES.	NOMBRES de chevaux ou mulets.	NOMBRES de bœufs.	NOMBRES d'ânes.
Diligences.	$7\ ^{32}/_{35}$	$32\ ^{10}/_{35}$	"	"
Omnibus.	$34\ ^{8}/_{35}$	$93\ ^{7}/_{35}$	"	"
Voitures particulières. . .	$67\ ^{20}/_{35}$	$73\ ^{2}/_{33}$	"	$"\ ^{6}/_{33}$
Voit.^{res} de houille et de coke.	$175\ ^{21}/_{33}$	$235\ ^{14}/_{35}$	$143\ ^{2}/_{35}$	$30\ ^{29}/_{33}$
Voitures d'objets divers. .	$185\ ^{8}/_{33}$	$277\ ^{21}/_{35}$	$77\ ^{3}/_{35}$	$24\ "$
Personnes à cheval. . . .	$39\ ^{17}/_{33}$	$42\ ^{24}/_{35}$	$4\ ^{14}/_{35}$	$2\ ^{3}/_{35}$
Piétons sans voit^{res} ni chev^x.	$379\ ^{12}/_{35}$	$"\ ^{6}/_{35}$	$"\ ^{16}/_{35}$	$5\ ^{19}/_{33}$
		$754\ ^{14}/_{35}$	$224\ ^{31}/_{33}$	$62\ ^{22}/_{35}$

Les tableaux qui précèdent démontrent le mouvement considérable qui règne sur la route de Saint-Étienne à la Loire; tandis que les besoins actuels de l'industrie, de l'agriculture et du commerce, que nous avons signalés, démontrent l'insuffisance de la voie ordinaire. Quelle serait donc cette insuffisance avec l'accroissement des besoins de l'industrie, puisque aujourd'hui même la route est encombrée par la circulation ?

La circulation des voitures qui se rendent à la gare de Bérard présente de si graves inconvénients, dans les rues de Saint-Étienne, que le maire de cette ville avait pris un arrêté pour défendre la circulation de ces voitures à partir de midi; mais l'arrêté n'a pas eu de suite.

Le mouvement extraordinaire qui existe sur la route impériale n° 88 met cette route dans un état déplorable : elle est, sur une grande étendue, tellement dégradée, même pendant la belle saison, qu'elle devient impraticable et très dangereuse, malgré les réparations qu'on y fait constamment. Après les pluies ou durant l'hiver, cette route est souvent dans un état de dégradation indescriptible. Les rapports des autorités locales et de MM. les ingénieurs du gouvernement sont unanimes pour reconnaître l'état déplorable de la route et l'impossibilité de l'entretenir, convenablement. Au reste M. le général Carrelet, qui avait été chargé d'une mission spéciale dans plusieurs départements par S. M. l'Empereur pour étudier les besoins des localités, frappé lui-même de l'affreux état de la route, a cru devoir appeler toute l'attention de Votre Excellence sur cette route.

Dans toute la France il n'y a certainement pas une route, même un chemin de grande communication, qui soit en aussi mauvais état ; et cependant la route de Saint-Étienne à Firminy est une route impériale d'une très grande importance. De plus on a reconnu qu'il est impossible de l'entretenir convenablement avec la circulation qui existe aujourd'hui. Enfin, cette route ayant des pentes considérables, surtout de Saint-Étienne à la Ricamarie, les voitures sont forcées de prendre de nombreux renforts sur une grande partie de leur trajet, quel que soit l'entretien de la route. Il résulte du mauvais état de cette route, de la nécessité de prendre des renforts, et de l'impossibilité où l'on est de trouver le nombre de colliers et d'hommes pour suffire aux transports, que le prix des transports est extrêmement élevé, que ceux-ci s'effectuent trop lentement, trop irrégulièrement, et même que certaines industries éprouvent parfois des chômages.

Dans la crainte de trop grandes difficultés, les principaux industriels du pays se sont cotisés pour venir en aide à l'entrepreneur chargé d'entretenir la route ; mais tous ces moyens extraordinaires sont insuffisants.

Aujourd'hui les transports enlèvent à l'agriculture presque tous les chevaux et tous les bœufs. L'établissement du chemin de fer permettrait donc de rendre à l'économie agricole des forces qui lui sont indispensables ; les races, qui sont épuisées par des transports forcés, et qui souvent sont mal nourries, s'amélioreraient, et le commerce de la boucherie ne livrerait plus à la consommation des bœufs amaigris par un excès de travail : car à Saint-Étienne on est maintenant obligé d'aller chercher à Lyon la viande de bœuf, lorsqu'on veut s'en procurer de passable.

Nous ajouterons que l'exécution du chemin de fer économiserait des sommes assez importantes à l'État, au département et aux communes par une grande diminution des sacrifices qu'on est forcé de faire pour l'entretien plus ou moins efficace des routes de Saint-Étienne au Pertuizet.

DEUXIÈME PARTIE.

DÉTAILS DU CHEMIN DE FER PROJETÉ.

DIFFICULTÉ DES ÉTUDES.

Le chemin de fer projeté est certainement, malgré son faible parcours, l'un de ceux qui jusqu'ici ont présenté le plus de difficultés. Les principales résultent : des différences considérables de niveau du sol, des anciens et nouveaux travaux de mines, de la présence de beaucoup de cours d'eau, dont plusieurs sont dangereux pendant les crues exceptionnelles, de l'existence d'un grand nombre de routes, de chemins, d'usines, de fabriques et de constructions diverses, de la nécessité de passer dans le voisinage de certaines exploitations et de certains centres de population, enfin de la situation de la ville de Saint-Étienne et de la gare de Bérard par rapport à ces points obligatoires. Néanmoins, au moyen d'études faites avec soin et détail, nous sommes parvenus à résoudre les difficultés à la satisfaction de tous les intérêts.

Ordinairement, pour les avant-projets, quelquefois même pour les projets, on se contente de dresser un plan d'ensemble et de construire un profil en long avec quelques profils en travers. Pour le chemin de

fer qui nous occupe, ce système d'études n'aurait donné rien de sérieux et aurait plus tard conduit à des mécomptes, dont les consé-
quences seraient incalculables. D'ailleurs nous avons , le 5 juin
dernier, joint à notre demande un plan d'ensemble et un profil en
long avec un aperçu explicatif. Mais les premiers résultats de nos
études détaillées ont démontré que notre avant-projet devait être entièrement changé sur une grande étendue, et que tous les avant-projets , comme on les comprend habituellement, auraient, dans la cir-
constance, été trop infidèles. Telles sont les raisons qui nous ont obligé
à entreprendre, non plus la rectification de notre avant-projet, mais
bien des études aussi complètes que possible pour un projet définitif.

Les plans cadastraux de la partie de l'arrondissement de Saint-
Étienne qui nous occupe ont été dressés, il y a trente années environ.
Depuis cette époque un grand nombre d'exploitations, d'usines, de
constructions diverses, de chemins, etc., ayant été établis, la ville de
Saint-Étienne et d'autres centres de population s'étant accrus dans des
proportions vraiment extraordinaires, par suite du développement de
l'industrie et du commerce, enfin différents cours d'eau ayant changé
plusieurs fois de lits, il nous a fallu refaire tous les plans parcellaires
et d'assemblage, rectifier les parcelles, les natures de culture, les
matrices cadastrales, etc. Dès lors nous avons profité de l'exécution
de ce grand travail pour changer les échelles du cadastre ; nous avons
adopté celle de 1 millième pour les plans de détail, et celle de 1 dix-
millième pour le plan d'ensemble , échelles qui sont plus favorables
que celles qui avaient été admises par le cadastre.

A l'examen de nos plans, de nos nivellements et des détails qui les
accompagnent, il est facile de voir que nos études sont aussi complètes
qu'on pouvait le désirer, vu les circonstances locales.

ÉLÉMENTS ORDONNATEURS.

Les éléments ordonnateurs, c'est-à-dire les éléments qui devaient déterminer la ligne du tracé, étaient, outre les points de départ et d'arrivée, certains cours d'eau, les routes, les gares et les principaux ports secs.

Voici l'énumération des éléments ordonnateurs :

Le point de départ, à la limite du bassin houiller, dans le voisinage de la Loire et du chemin de grande communication n° 3 ;

Le point d'arrivée, à la réunion des chemins de fer de Saint-Étienne ;

Différents points des cours d'eau de l'Ondaine, des Chapres, de la Vacherie, de Cotatey, de l'Ondenon, du Furens et du Chavanelet ;

Les routes impériales n°s 88 et 82 ;

Les gares de Firminy, du Chambon, de la Ricamarie et de Saint-Étienne ;

Les ports secs pour les principaux centres d'exploitations et d'usines.

Les autres points n'étaient que des points secondaires, et devaient être assujétis aux premiers, suivant les circonstances locales ; néanmoins, il fallait les combiner le plus avantageusement possible avec les autres.

On ne devait pas passer à niveau les routes impériales et même les chemins de grande communication non réformés. En outre, on devait passer sur les cours d'eau, à moins qu'ils ne fussent bien élevés au-dessus des percements.

FIXATION DU POINT DE DÉPART ET DU POINT D'ARRIVÉE.

Le point de départ a été fixé à la Fenderie, qui est située au N.-N.-O. d'Unieux et au S.-E. du Pertuizet. Ce lieu a été choisi par les considérations suivantes. La Fenderie est à la limite du bassin houiller, c'est le point le plus rapproché du chemin de grande communication et de la Loire que l'on puisse facilement atteindre. Immédiatement après la Fenderie, en allant vers la Loire, la vallée de l'Ondaine se rétrécit considérablement : le chemin de grande communication est resserré entre la rivière et les rochers. Si l'on avait poussé plus loin le point de départ, il aurait fallu percer ces rochers granitiques qui s'élèvent à pic. Derrière la Fenderie on n'aurait trouvé aucun emplacement convenable pour la gare de départ, et les arrivages de la Loire n'auraient eu aucun endroit commode en dehors de la gare ; au contraire, l'emplacement qui est devant la Fenderie offre les plus grandes facilités sous tous les rapports. La distance qui sépare la Fenderie de la percée du Pertuizet est seulement de 500 mètres, et il n'y avait aucun avantage d'aller jusqu'à la Loire, d'autant plus qu'en conservant la pente adoptée pour la 1re section, le point de départ aurait été trop élevé au-dessus du fleuve et même des chemins. Au reste, on pourrait toujours continuer la ligne au-delà de la Loire, si l'on voulait jamais remonter la vallée de ce fleuve jusqu'aux environs du Puy. Mais nous ne pensons pas que cette continuation soit de longtemps entreprise. En effet, toute l'économie des chemins de fer consiste à mettre en parallèle les difficultés et les dépenses avec l'utilité et les avantages d'une ligne projetée. Or, vu les conditions locales, l'établissement d'un chemin de fer des environs du Pertuizet ou de Firminy au Puy serait une lourde charge sans compensation pour la compagnie qui l'entreprendrait.

Sans remonter le cours de la Loire, tout tracé serait impossible. Mais ce fleuve présente de nombreux contours, qui sont quelquefois très brusques ; la Loire est souvent très resserrée entre des montagnes à pic, et roule ses eaux sur de très grandes pentes ; la différence de niveau qui existe entre les environs du Pertuizet et ceux du Puy est très considérable, et donnerait des pentes trop fortes pour une voie ferrée ; différents passages nécessiteraient des travaux gigantesques ; les bords de la partie élevée de la Loire sont peu habités ; tout autour et même à une grande distance, le pays est très pauvre, presque inculte, sans industrie d'une certaine importance : on n'y trouve aucune exploitation, aucune usine, aucune fabrique qui puisse être prise en sérieuse considération. A la vérité, avec de l'argent et du temps on peut toujours triompher des difficultés ; mais dans de telles conditions serait-il rationnel, du moins pour le moment, d'établir un chemin de fer du Pertuizet au Puy ? Évidemment non, car, dans une semblable question, il ne s'agit pas d'exécuter à tout prix un chemin de fer pour satisfaire à des désirs non raisonnés de quelques populations.

Loin de nous la pensée de vouloir laisser la ville du Puy et ses environs comme un îlot déshérité, séparé de tout le reste de la France : au contraire, nous voudrions que l'on pût concilier rationnellement tous les intérêts. Le problème est peut-être moins difficile à résoudre qu'on ne le supposerait de prime abord.

La question fondamentale consiste à mettre en rapport facile, utile et économique la ville du Puy avec les différentes parties de la France. Or, si l'on ne doit pas songer à venir du Puy à Saint-Étienne par un chemin de fer direct, il faut chercher d'autres issues. Les seules qui se présentent avec avantage sont : l'une par Brioude, l'autre par Alais. La première mettrait la ville du Puy en communication avec l'O., le N. et l'E. de la France par le rameau du grand central qui passe à Brassac ; la seconde établirait une communication du Puy et même de Brassac avec toute la partie méridionale de notre territoire. Du Puy à Brassac, on traverse en général un pays cultivé, peuplé et riche, où l'on trouve des exploitations de houille, des mines de plomb, de fer, etc., quelques fabriques et usines qui ne demandent, pour leur prospérité, que des débouchés. Du Puy à Alais, on traverserait une vaste contrée, dont une partie a besoin d'être fertilisée par des moyens de transport faciles et économiques, dont l'autre est déjà fertile et riche ; en outre, toutes deux possèdent de nombreuses mines métalliques, et le pays situé au N. d'Alais renferme de puissants dépôts de combustible. Le long de la ligne, il s'établirait certainement des exploitations, des fabriques et des usines ; car il y a des ressources réelles et les éléments nécessaires à l'économie de tout chemin de fer.

Quoi qu'il en soit de la communication du Pertuizet avec la ville du Puy par un chemin de fer direct, le point choisi pour le départ et pour la gare de notre voie, étant voisin de la Loire et touchant le chemin de grande communication n° 3, se trouve dans les meilleures conditions tant pour l'exécution du chemin de fer que pour les arrivages.

Le point d'arrivée, c'est-à-dire le lieu de la dernière gare, est à l'extrémité orientale de celle de Bérard, d'où l'on communiquera avec tous les pays par les grandes lignes de Lyon et de Roanne. Le point de raccordement ne pouvait donc être ni fixé ailleurs, ni être mieux choisi.

LIGNES DES ÉTUDES ET CHOIX DE LA LIGNE POUR LE TRACÉ DÉFINITIF.

Afin de nous rendre un compte exact du terrain sur une grande largeur et de pouvoir ensuite choisir, avec une parfaite connaissance du pays, la ligne la plus favorable, nous avons déterminé différentes lignes d'études dans les parties qui de prime abord pouvaient en admettre plusieurs. Nous donnerons seulement les détails qui se rapportent au tracé définitivement adopté; mais on verra sur les plans à l'échelle de 1 millième, outre la ligne du profil en long et celles des profils en travers qui correspondent au tracé adopté, les diverses lignes des profils en long et des profils en travers que nous avons dû rejeter.

Nous allons indiquer sommairement la ligne du tracé adopté, en signalant toutefois les motifs qui nous ont déterminé à rejeter les autres lignes. Les plans et les profils, avec les explications qui seront données plus loin, suppléeront aux détails que nous ne rapporterons pas.

De la Fenderie, située au bas d'Unieux, jusqu'auprès du Pont-du-Sauze, nous ne pouvions suivre que la ligne qui était naturellement déterminée par la vallée de l'Ondaine et par le chemin de grande communication n° 3 de Saint-Bonnet-du-Château à Firminy. Nous n'avons donc admis dans cette étendue qu'une seule ligne d'études, qui a été tracée à gauche et le long du chemin de grande communication jusque vis-à-vis du Pont-du-Sauze. De là, nous avons étudié deux lignes : la première en continuant de suivre le pied des coteaux et la rive droite de l'Ondaine ; la seconde en traversant cette rivière en amont du Pont-du-Sauze pour suivre sa rive gauche. La première ligne a été étudiée jusqu'auprès du Chambon ; mais, arrivés à une certaine distance, nous avons reconnu l'impossibilité d'adopter cette ligne par les raisons suivantes : 1° elle s'éloignait trop des principaux centres d'industrie et de population ; 2° la gare pour Firminy aurait été à une trop grande distance de cette ville ; 3° le terrain était trop accidenté et trop bouleversé par d'anciens travaux de mines et de carrières ; 4° à partir des Trois-Ponts le tracé eût été trop resserré entre les coteaux et la rivière ; 5° il y aurait eu de trop grands déblais à faire ; 6° à une certaine distance nous avons été arrêtés par les nombreuses habitations et usines que l'on a construites avec difficulté, dans l'espace resserré entre les coteaux et l'Ondaine ; 7° vers la Fenderie-Neuve nous n'avons plus trouvé de passage.

Dès lors nous avons dû traverser l'Ondaine en amont du Pont-du-Sauze pour diriger la ligne vers le N. de Firminy. Avant d'arriver vis-à-vis de cette ville, nous avons déterminé deux lignes d'études jusqu'au Mas : l'une qui se rapprochait beaucoup de Firminy, en passant par la place de la Chaux ; l'autre, qui s'écartait moins de la rive gauche de l'Ondaine, mais qui s'éloignait davantage de la ville. La première ligne a été rejetée par les considérations suivantes : 1° il y avait une trop forte courbe entre le Pont-du-Sauze et la Chaux ; 2° nous aurions touché à trop de maisons ; 3° nous passions au milieu d'une place publique ; 4° la ville de Firminy tend à se déplacer et à se rapprocher de l'Ondaine et du Mas.

A partir du Mas il n'y avait plus qu'une ligne à suivre jusqu'auprès de la Ricamarie ; elle était naturellement comprise entre la route impériale n° 88 et la rive gauche de l'Ondaine. Nous avons donc adopté cette ligne, avec d'autant plus de raisons qu'elle satisfait complé-

7

tement aux besoins des exploitations, des diverses usines, des agglomérations de la population.

Parvenus en face des Fourches, nous avons tracé deux lignes d'études : la première dirigée au S. , la deuxième au N. de la Ricamarie. Or, nous avons rejeté la première ligne par les motifs suivants : 1° il aurait fallu entrer en tunnel bien avant d'arriver vis-à-vis de la Ricamarie ; 2° nous n'aurions pu faire ni gare ni port sec pour ce centre de population , du moins ils eussent été à une trop grande distance.

La ligne d'études adoptée est donc la deuxième. Mais entre la Verrerie et la Ricamarie, nous avons encore tracé deux lignes d'études : la première traversant la Ricamarie et la rivière de l'Ondenon, puis rejoignant au S. de la Ricamarie la ligne d'études abandonnée plus haut ; la deuxième passant au N. et à l'E. de la Ricamarie pour rejoindre avant la Croix de l'Orme la ligne rejetée.

De ce dernier point de raccordement il n'y avait qu'une seule ligne à tracer : c'était celle qui se dirigeait vers la Core.

Aux environs de la Ricamarie , une direction se présentait tout d'abord pour se rendre à Saint-Étienne : elle passait par le Mont, et c'était en partie celle que nous avions indiquée sur nos plans du premier avant-projet ; mais nous avons bientôt reconnu l'impossibilité de suivre cette direction. En voici les principaux motifs : 1° il aurait fallu traverser en tunnel les anciens travaux de mines, qui ont bouleversé le sol ; 2° le terrain n'offre aucune solidité ; 3° le feu existe dans les anciens travaux ; 4° en sortant du tunnel, on se serait trouvé, entre Bellevue et Saint-Étienne, en face de constructions impénétrables jusqu'au-delà de Valbenoîte.

De la Core à la gare de Bérard , vu les constructions de Saint-Étienne et des environs , une seule ligne se présentait encore : elle passait par le S. et l'E. de Valbenoîte, puis par l'E. de Saint-Étienne ; c'est celle que nous avons suivie pour nos études.

Cependant, vis-à-vis de l'École des mines, nous avons admis deux tracés jusqu'au chemin de fer de Lyon : l'un d'eux est complétement représenté sur le plan de détails de la sixième section ; l'autre n'y est figuré que par une ligne brisée. Ces deux tracés sont très rapprochés l'un de l'autre, et les difficultés d'exécution , ainsi que les prix définitifs des constructions à acheter, décideront lequel des deux devra avoir la préférence. Mais ce choix ne changera en rien le tracé général.

LONGUEUR DU TRACÉ ET PRINCIPALES HAUTEURS.

La longueur du tracé en suivant la ligne des études est de 16,033 m. 52.

La longueur du tracé modifié par les courbes, c'est-à-dire du chemin de fer, depuis le point de départ jusqu'au point d'arrivée, est de 15,855 m. 17.

Le zéro de la ligne de niveau a été marqué en D sur le mur de l'usine Penel.

Le sol, au point de départ, est à 2 m. 54 au-dessous du zéro. Le sol, au point d'arrivée, c'est-à-dire au milieu de l'entrevoie du chemin de fer de Lyon, se trouve à 103 m. 684 au-dessus du zéro. Il y a donc une différence de niveau de 106 m. 224 entre le point de départ et le point d'arrivée, comptés sur le sol.

Le point inférieur du sol est au départ. Le point culminant du sol est au n° 131 , près de la Croix de l'Orme; il se trouve à 205 m. 075 au-dessus du zéro, c'est-à-dire à 207 m. 615 au-dessus du sol au point de départ.

Enfin le point culminant du chemin de fer se trouve au n° 158, au-dessous de la route impériale n° 82 ; il est à 135 m. 609 au-dessus du zéro.

SECTIONS ÉTABLIES.

L'ensemble de la ligne, depuis la Fenderie jusqu'à Bérard, a été divisé en six sections. Le nombre des sections et leurs longueurs respectives ne sont pas arbitraires : ils ont été commandés par certains points ordonnateurs.

La première section se termine au n° 29, immédiatement après avoir traversé la rivière de l'Ondaine. Ce point était un point fixe de passage et de niveau calculé.

La deuxième section se termine au n° 61, à la gare du Chambon et sur la rive gauche de l'Ondaine. Ce point était aussi un point fixe de passage et de niveau calculé.

La troisième section se termine au n° 94, à la gare de la Ricamarie et sur la rive gauche de l'Ondaine, encore à un point de passage forcé et à un niveau obligatoire pour la gare.

La quatrième section se termine au n° 158, sur le côté oriental de la route impériale n° 82, de Roanne au Rhône, en un point de passage forcé pour la meilleure combinaison des niveaux.

La cinquième section se termine au n° 172, sur la rive gauche du Furens, point de niveau calculé pour le passage sur la rivière.

La sixième section se termine au n° 225, point de raccordement avec le chemin de fer de Lyon.

Les longueurs respectives des sections sont indiquées dans les tableaux du profil en long adopté.

PROFILS.

Comme nous l'avons déjà dit, nous avons relevé plusieurs profils en long ; mais par les motifs que nous avons exposés, nous n'avons pu en admettre qu'un seul. Tous les profils en long ont été croisés par un très grand nombre de profils en travers.

Sur les plans, à l'échelle de 1 millième, la trace de tous les profils en long et de tous les profils en travers est figurée.

Profil en long adopté.

Le profil en long adopté a été relevé avec une grande exactitude et avec beaucoup de détails, puisqu'il a été exécuté au moyen de plus de

230 stations. Tous les nivellements ont été faits avec des niveaux à bulle d'air d'une grande précision.

Nous avons rapporté l'ensemble et les détails du profil en long à l'échelle de 1 millième, tant pour les longueurs que pour les hauteurs. Nous avons adopté la même échelle pour les longueurs et pour les hauteurs, parce que c'est le seul moyen de représenter fidèlement le terrain ; et nous avons adopté l'échelle de 1 millième, parce qu'étant la même pour les plans de détails, elle permet de mettre en rapport facile ces plans avec les profils.

Les tableaux suivants, qui correspondent aux plans à l'échelle de 1 millième et au profil graphique en long, donneront tous les détails dont on a besoin.

PROFIL

Le point de départ ou le zéro du nivellement est déterminé au moyen d'une ligne
à 2 m. 54 au-dessus du sol. C'est à la partie supérieure de cette horizontale et à
compter le zéro. Ce point de départ est à 4 m. 38 au-dessus du niveau moyen du cours
nivellement ; il se trouve, également dans la même direction, à 1 m. 49 au-dessus du

Pour la première section, la rampe est de 0 m. 01039 par mètre, en ne partant que
de la gare ; mais le point de départ pourrait être surélevé un peu, de manière à
la gare de la Ricamarie, tout en conservant la rampe adoptée pour la première

NUMÉROS rectifiés des stations.	NUMÉROS primitifs des stations.	DISTANCES.	COUPS de niveau.	MOYENNES.	DIFFÉRENCES	
					positives.	négatives.
					PREMIÈRE	
D	"	0^m00^c	0^m000^{mm}	0^m000^{mm}	0^m000^{mm}	0^m000^{mm}
X	"	40 90	"	"	"	"
O	"	79 90	"	"	"	"
Y	"	100 "	"	"	"	"
1	1 A	149 55	1 720 / 0 822	"	0 898	"
1 bis	1 bis A	97 15	"	"	"	"
2	2 A	129 "	2 513 / 0 193	"	2 320	"
3	3 A	57 25	4 790 / 4 817 / 1 062 / 1 087	4 803 / 1 074	3 729	"
4	4 A	84 40	4 960 / 4 940 / 0 270 / 0 305	4 950 / 0 287	4 663	"
4 bis	4 bis A	36 40	"	"	"	"
4 ter	4 ter A	59 "	"	"	"	"

EN LONG.

horizontale marquée sur le mur de l'usine Penel, à la Fenderie, et qui se trouve
son intersection avec une ligne perpendiculaire, aussi marquée sur le mur, qu'il faut
d'eau de l'Ondaine, dans la direction du mur et perpendiculairement à la ligne du
chemin de grande communication n° 3, de Firminy à Saint-Bonnet-le-Château.
du point 0 du sol et en ne comptant que sur une longueur de 2404 m. 41, à cause
atteindre 26 m. au n° 29, et de manière à avoir 1 m. de plus pour les sections jusqu'à
section et la rampe de 0 m. 01150 par mètre pour la deuxième section.

ORDONNÉES		DIFFÉRENCES	OBSERVATIONS.
de la ligne de nivellement.	de la ligne du projet.	entre les ordonnées.	

SECTION.

— 2 540	0^m000^{mm}	0^m000^{mm}	Point de départ. { Emplacement de la gare, des ateliers, magasins, etc., A B C E F G H I J. Longueur moyenne de la gare, 100^m. Largeur moyenne de *id.*, 65^m. Surface de *id.*, 6500$^{mc.}$
— 2 095	"	"	A Y, chemin vicinal d'Unieux au Pertuizet; passage à niveau, barrières-portes.
"	"	"	Entre le n° 0 et le n° 2, courbe n° 1.
0 898	0 782	— 0 116	
0 318	1 872	+ 1 554	
3 218	3 321	+ 0 103	Au n° 2, prise d'eau de l'usine Penel, qui sera utilisée aussi pour le service de la gare; ponceau-viaduc. Entre le n° 2 et le n° 4, courbe n° 2.
6 947	3 963	— 2 948	Entre le n° 3 et le n° 4, chemin vicinal d'Unieux au chemin de grande communication; ponceau partie en fer. La voie sera à un niveau relatif plus inférieur que ne l'indique la différence des ordonnées,
11 610	4 910	— 6 700	par suite du tracé adopté pour la voie.
12 150	5 318	— 6 832	
10 "	5 980	— 4 020	Entre le n° 4 ter et le n° 5 bis, courbe n° 3.

NUMÉROS rectifiés des stations.	NUMÉROS primitifs des stations.	DISTANCES.	COUPS de niveau.	MOYENNES.	DIFFÉRENCES positives.	DIFFÉRENCES négatives.
5	5 A	72 32	2 432 2 403 5 100 5 050	2 417 5 075	"	2 658
5 bis	5 bis A	68 70	"	"	"	"
6	6 A	97 62	0 850 0 805 1 221 1 164	0 827 1 192	"	0 365
7	7 A	71 35	3 458 3 475 1 632 1 630	3 466 1 631	1 835	"
7 bis	7 bis A	108 50	"	"	"	"
8	8 A	48 70	3 251 0 625 0 610	3 251 0 617	2 634	"
8 bis	8 bis A	144 50	"	"	"	"
9	9 A	37 50	0 500 0 487 3 268 3 310	0 493 3 289	"	2 796
10	10 A	101 50	1 519 1 503	1 511	1 511	"
11	11 A	123 30	11 274 1 238	"	10 036	"
12	12 A	27 50	8 230 0 140	"	8 090	"
13	13 A	33 45	3 096 3 078 0 695 0 695	3 087 0 695	2 392	"
14	14 A	33 "	0 695 2 100 2 102	0 695 2 101	"	1 406
15	15 A	71 20	0 622 13 064	"	"	12 442
16	16 A	61 90	4 240 4 260	4 250	4 250	"

ORDONNÉES		DIFFÉRENCES	
de la ligne de nivellement.	de la ligne du projet.	entre les ordonnées.	OBSERVATIONS.
8 952	6 793	— 2 159	Entre le n° 5 et le n° 5 bis, chemin vicinal d'Unieux aux Planches; ponceau, partie en fer. Ravin ruis- eau d'Égoutay; ponceau-viaduc, partie en fer.
9 032	7 564	— 1 468	Entre le n° 5 et le n° 5 bis, embranchement pour le service des puits d'Unieux et de l'Hôpital; port-sec.
8 587	8 660	+ 0 073	Chemin de service; passage à niveau, barrières-portes.
10 422	9 461	— 0 961	Entre le n° 7 et le n° 7 bis, chemin de service; pas- sage à niveau, barrières-portes.
12 441	10 679	— 1 762	Entre le n· 7 bis et le n· 8 bis, courbe n· 4.
13 056	11 226	— 1 830	Entre le n· 8 et le n· 8 bis, chemin vicinal des Plan- ches à Saint-Etienne; ponceau, partie en fer. Em- branchement pour le service des puits et galeries des Côte-Martin. Embranchement pour le service du puits des Planches n· 2. Embranchement pour le service de la galerie et du puits des Planches n· 1.
10 185	12 848	+ 2 663	
10 260	13 269	+ 3 009	Entre le n· 8 et le n· 9, port-sec. Entre le n· 9 et le n· 10, ancien chemin des Planches à Sans-Picaud; ponceau-viaduc, partie en fer.
11 771	14 408	+ 2 637	Au n· 10, chemin de service allant aux Planches; ponceau-viaduc, partie en fer.
21 807	15 792	— 6 015	Entre le n· 11 et le n· 12, commencement du tunnel n· 1.
29 897	16 100	— 13 797	Entre le n· 11 et le n· 16, courbe n· 5.
32 289	16 475	— 15 814	
30 883	16 845	— 14 038	Entre le n· 14 et le n· 15, fin du tunnel.
18 441	17 644	— 0 797	Entre le n· 15 et le n· 16, puits à eau, à déplacer.
22 691	18 339	— 4 352	

8

NUMÉROS rectifiés des stations.	NUMÉROS primitifs des stations.	DISTANCES.	COUPS de niveau.	MOYENNES.	DIFFÉRENCES	
					positives.	négatives.
17	17 A	30 50	4 860 4 850 0 974 0 971	4 855 0 972	3 883	"
18	18 A	38 82	1 621 1 930 1 343	1 621 1 636	"	0 015
19	19 A	43 60	0 774 0 769 0 179 0 166	0 771 0 172	0 599	"
20	20 A	36 95	1 754 1 778 3 505 3 495	1 766 3 500	"	1 734
21	21 A	28 40	3 505 3 495 0 304	3 500 0 304	3 196	"
22	22 A	33 60	5 984 0 210	" 0 210	5 774	"
23	23 A	30 40	0 210 3 475 3 485	0 210 3 480	"	3 270
24	24 A	44 90	0 753 1 155 1 159	0 753 1 157	"	0 404
25	25 A	45 95	0 409 6 423	"	"	6 014
26	26 A	50 90	0 077 1 908	"	"	1 830
27	1 BB	95 90	3 098 12 725	"	"	9 627
28	2 BB	45 50	0 857 2 227 2 223	0 857 2 225	"	1 368
29	3 BB	65 20	2 618 2 614 1 457	2 616 1 457	1 159	"
		2525 21				

ORDONNÉES.		DIFFÉRENCES	OBSERVATIONS.
de la ligne de nivellement.	de la ligne du projet.	entre les ordonnées.	
26 574	18 681	— 7 893	
26 559	19 116	— 7 443	Entre le n° 18 et le n° 25, courbe n° 6.
27 158	19 605	— 7 553	
25 424	20 019	— 5 405	
28 620	20 337	— 8 283	Avant le n° 21, chemin de service; ponceau, partie en fer. Entre le n° 21 et le n° 24, tunnel.
34 394	20 714	— 13 680	
31 124	21 055	— 10 069	
30 720	21 559	— 9 161	
24 706	22 075	— 2 631	Entre le n° 24 et le n° 25, petit ravin; ponceau-viaduc. Près du n° 25, plan automoteur et chemin de fer à deux voies existant pour le service des puits de Combe-Blanche.
28 890	22 646	— 6 244	Entre le n° 24 et le n° 27, port-sec pour les charbons apportés par l'embranchement ci-dessus, pour les produits des fours à coke et pour le service des usines Holtzer.
19 263	23 722	+ 4 459	
17 895	24 232	+ 6 336	Entre le n° 28 et le n° 29, biez; ponceau-viaduc. Chemin du Sablat; ponceau-viaduc. Rivière de l'Ondaine; pont-viaduc. Encaissement de la rivière et du biez. Le pont-viaduc sera à 25 mètres au-dessus du 0.
19 054	24 964	+ 5 910	Longueur de la 1ʳᵉ section, par suite de l'existence des courbes adoptées dans le tracé définitif du chemin, 2,499 m. 64.

NUMÉROS rectifiés des stations	NUMÉROS primitifs des stations.	DISTANCES.	COUPS de niveau.	MOYENNES.	DIFFÉRENCES positives.	négatives.

DEUXIÈME

Le point de départ de la 2ᵉ section est sur la rive gauche de l'Ondaine, au nº 29. Le point
départ est à 25 m. au-dessus du 0, et le point d'arrivée à 65 m. au-dessus du 0. — La rampe pour

NUMÉROS rectifiés	NUMÉROS primitifs	DISTANCES	COUPS de niveau	MOYENNES	positives	négatives
30	4 BB	58 40	0 485 / 0 990	"	"	0 505
31	5 BB	80 45	1 910 / 1 509 / 1 300	1 910 / 1 404	0 506	"
32	6 BB	61 70	7 062 / 4 312	"	2 750	"
32 bis	6 bis BB	"	"	"	"	"
33	7 BB	151 10	6 351 / 0 639	"	5 712	"
34	8 BB rect.	166 95	3 298 / 3 285 / 0 675 / 0 653	3 291 / 0 664	2 627	"
35	9 BB rect.	89 20	2 886 / 2 868 / 1 236 / 1 228	2 877 / 1 232	1 645	"
36	10 BB rect.	81 45	2 120 / 2 632	"	"	0 512
36 bis	10 bis BB rectifié	"	"	"	"	"
37	11 BB rect.	85 50	1 254 / 1 300 / 1 228	1 254 / 1 264	"	0 010
37 bis	11 bis BB rectifié	"	"	"	"	"
38	12 BB rect.	87 90	2 878 / 2 888 / 0 626 / 0 610	2 883 / 0 618	2 265	"
39	13 BB rect.	128 60	2 837 / 2 860 / 0 377 / 0 350	2 848 / 0 363	2 485	"

ORDONNÉES		DIFFÉRENCES	OBSERVATIONS.
de la ligne de nivellement.	de la ligne du projet.	entre les ordonnées.	

SECTION.

d'arrivée est aussi sur la rive gauche de l'Ondaine, à la gare du Chambon, au n° 61.— Le point de la 2ᵉ section est de 0 m. 01150 par mètre.

de la ligne de nivellement.	de la ligne du projet.	entre les ordonnées.	OBSERVATIONS.
18 549	25 671	+ 7 122	Entre le n° 29 et le n° 30, embranchement pour le service des puits de Montessut et du Pont-du-Sauze. Port-sec pour le charbon amené par les
19 055	26 596	+ 7 541	embranchements de Montessut et du Pont-du-Sauze, pour les produits des fours à cocke du Pont-du-Sauze et pour l'exploitation de Firminy.
21 805	27 305	+ 5 500	Entre le n° 31 et le n° 32, canal d'écoulement des mines de Firminy ; ponceau-viaduc.
"	"	"	Entre le n° 31 et le n° 33, vieux puits d'exploitation.
27 517	29 043	+ 1 526	
30 144	30 963	+ 0 819	Entre le n° 34 et le n° 35, gare de Firminy. Chemin d'Ecot; passage à niveau, barrières-portes.
31 789	31 988	+ 0 199	Entre le n° 35 et le n° 36, ruisseau de la Pesette ; ponceau-viaduc.
31 277	32 925	+ 1 648	Entre le n° 29 et le n° 36, courbe n° 7.
"	"	"	
31 267	33 908	+ 2 641	
"	"	"	
33 532	34 920	+ 1 388	Entre le n° 38 et le n° 40, courbe n° 8
36 017	36 398	+ 0 381	

NUMÉROS rectifiées des stations.	NUMÉROS primitifs des stations.	DISTANCES.	COUPS de niveau.	MOYENNES.	DIFFÉRENCES.	
					positives.	négatives
40	14 BB rect.	112 40	3 128 / 3 118 / 0 480 / 0 468	3 123 / 0 474	2 649	"
41	15 BB rect.	64 40	2 927 / 2 937 / 1 598 / 1 583	2 932 / 1 590	1 342	"
42	16 BB rect.	130 "	2 055 / 2 050 / 0 816 / 0 817	2 052 / 0 816	1 236	"
43	17 BB rect.	107 "	1 700 / 1 696 / 1 058 / 1 048	1 698 / 1 053	0 645	"
44	18 BB rect.	47 80	1 516 / 1 508 / 1 904 / 1 886	1 512 / 1 895	"	0 383
45	19 BB rect.	64 60	1 426 / 1 455 / 1 448	1 426 / 1 451	"	0 025
46	1 C	150 60	0 930 / 0 925 / 1 482 / 1 537	0 927 / 1 509	"	0 582
47	2 C	135 "	1 410 / 1 405 / 0 763 / 0 733	1 407 / 0 748	0 659	"
48	3 C	221 85	1 001 / 1 007 / 1 907 / 1 876	1 004 / 1 891	"	0 887
49	4 C	132 15	1 803 / 1 786 / 0 482 / 0 486	1 794 / 0 484	1 310	"

ORDONNÉES		DIFFÉRENCES	OBSERVATIONS.
de la ligne de nivellement.	de la ligne du projet.	entre les ordonnées.	
38 666	37 691	— 0 975	Entre le n° 41 et le n° 42, chemin de service de Corde au Mas ; passage à niveau, barrières-portes.
40 008	38 432	— 1 576	
41 244	39 927	— 1 317	
41 889	41 157	— 0 732	Entre le n° 43 et le n° 44, chemin du Mas à Saint-Victor ; passage à niveau, barrières-portes.
41 506	41 707	+ 0 201	Entre le n° 44 et le n° 45, ancienne route de Saint-Etienne ; passage à niveau, barrières-portes.
41 481	42 450	+ 0 969	
40 899	44 182	+ 3 283	Entre le n° 46 et le n° 47, rivière des Chapres et sentier des Trois-Ponts ; encaissement de la rivière et pont-viaduc.
41 558	45 734	+ 4 176	Entre le n° 47 et le n° 49, port-sec pour les produits des puits et des fours à coke de la Malafolie.
42 445	48 285	+ 5 840	Entre le n° 47 et le n° 49, courbe n° 9.
43 755	49 805	+ 6 050	

NUMÉROS rectifiés des stations.	NUMÉROS primitifs des stations.	DISTANCES.	COUPS de niveau.	MOYENNES.	DIFFÉRENCES.	
					positives.	négatives.
50	5 C	117 15	2 567 2 537 0 172 0 165	2 552 0 168	2 384	"
51	6 C	76 60	2 800 2 775 1 208 1 209	2 787 1 208	1 579	"
52	7 C	100 90	3 270 3 257 1 022 1 788	3 263 1 022	2 241	"
53	8 C	133 95	1 772 1 114 1 122	1 780 1 118	0 662	"
54	9 C	157 55	0 943 0 162 0 181	0 943 0 171	0 772	"
55	10 C	94 25	1 732 1 730 0 858	1 731 0 858	0 873	"
56	11 C	74 60	1 900 1 904 0 821 0 810	1 902 0 815	1 087	"
57	12 C	125 50	1 514 1 515 0 143 0 150	1 514 0 146	1 368	"
58	13 C	123 10	1 180 1 178 0 157 0 117	1 179 0 137	1 024	"
59	14 C	65 70	2 509 2 485 1 528 1 521	2 497 1 524	0 973	"

ORDONNÉES		DIFFÉRENCES	OBSERVATIONS.
de la ligne de nivellement.	de la ligne du projet.	entre les ordonnées.	
46 139	51 152	+ 5 013	
47 718	52 033	+ 4 315	Entre le n° 50 et le n° 51, chemin de Chaponot; ponceau-viaduc, partie en fer.
49 959	53 193	+ 3 234	Entre le n° 50 et le n° 53, courbe n° 10.
50 621	54 733	+ 4 112	Entre le n° 52 et le n° 53, ruisseau de Malval; encaissement du ruisseau; pont-viaduc.
51 393	56 545	+ 5 152	
52 266	57 628	+ 5 362	Entre le n° 54 et le n° 55, premier chemin de la Bargette; ponceau-viaduc, partie en fer.
53 353	58 482	+ 5 129	Au n° 55, deuxième chemin de la Bargette; ponceau-viaduc, partie en fer.
54 721	59 925	+ 5 204	
55 763	61 341	+ 5 578	Entre le n° 58 et le n° 59, nouveau chemin de service des usines Claudinon; ponceau-viaduc, partie en fer. Embranchement et port-sec pour le service des usines Claudinon.
56 736	62 101	+ 5 365	Entre le n° 60 et le n° 63, redressement et encaissement de la rivière de l'Ondaine. Entre le n° 60 et le n° 63, courbe n° 11.

9.

NUMÉROS rectifiés des stations.	NUMÉROS primitifs des stations.	DISTANCES	COUPS de niveau.	MOYENNES.	DIFFÉRENCES.	
					positives	négatives.
60	15 C	116 60	1 615 0 427 0 383	1 615 0 405	1 210	"
61	16 C	124 "	2 766 1 458	"	1 308	"
		3466 95				

TROISIÈME

Le point de départ de la 3ᵉ section est sur la rive gauche de l'Ondaine, au nᵒ 61. Le point d'arrivée Ricamarie, au nᵒ 94. — Le point de départ est à 65 m. au-dessus du 0, et le point d'arrivée à

62	17 C	65 "	2 114 2 124 1 078 1 068	2 119 1 073	1 046	"
63	18 C	84 40	1 528 1 518	1 528	0 784	"
64	19 C	63 50	1 845 1 850 0 410 0 380	1 847 0 395	1 452	"
65	20 C	92 "	3 538 3 558 1 112 1 135	3 548 1 123	2 425	"
66	21 C	116 80	1 955 1 940 1 434 1 451	1 947 1 442	0 505	"
67	22 C	25 "	0 337 1 905 1 903	0 337 1 904	"	1 567
68	23 C	72 20	2 300 2 277 1 204	2 288 1 204	1 084	"

ORDONNÉES		DIFFÉRENCES	OBSERVATIONS.
de la ligne de nivellement.	de la ligne du projet.	entre les ordonnées.	
57 946	63 441	+ 5 495	
59 254	64 867	+ 5 613	Le point d'arrivée sera à 65 m. au-dessus du 0. Longueur de la 2ᵉ section, par suite de l'existence des courbes adoptées dans le tracé définitif du chemin, 3,443 m. 96.

SECTION.

est sur la rive gauche de la rivière de l'Ondaine, entre cette rivière et la Verrerie, à la gare de la 106 m. 043 au dessus du 0. — La rampe pour la 3ᵉ section est de 0 m. 011995 par mètre.

60 300	65 780	+ 5 480	Au nᵒ 62, ancien chemin du Chambon à Firminy; ponceau-viaduc, partie en fer. Entre le nᵒ 61 et le nᵒ 64, gare du Chambon.
61 084	66 790	+ 4 696	Entre le nᵒ 62 et le nᵒ 63, ancien chemin du Chambon à Firminy; ponceau-viaduc, partie en fer.
62 536	67 550	+ 5 014	
64 961	68 650	+ 3 689	Au nᵒ 65, rue du Moulin; ponceau-viaduc, partie en fer. Entre le nᵒ 65 et le nᵒ 71, courbe nᵒ 12.
65 466	70 060	+ 4 594	Au nᵒ 66, chemin du Chambon à la rivière; ponceau-viaduc, partie en fer.
63 899	70 360	+ 6 461	Après le nᵒ 67, rivière de la Vacherie; pont-viaduc; encaissement de la rivière.
64 983	71 220	+ 6 237	Au nᵒ 68, prise d'eau; ponceau-viaduc.

NUMÉROS rectifiés des stations.	NUMÉROS primitifs des stations.	DISTANCES.	COUPS de niveau.	MOYENNES.	DIFFÉRENCES. positives.	DIFFÉRENCES. négatives.
69	24 C	104 "	2 630 2 646 1 215 1 208	2 638 1 216	1 422	"
70	25 C	165 40	3 286 3 300 0 520 0 528	3 293 0 524	2 769	"
71	26 C	88 80	2 506 2 522 1 302 1 308	2 514 1 305	1 209	"
72	27 C	99 40	3 000 3 025 1 238 1 233	3 012 1 235	1 777	"
73	28 C	217 "	4 700 4 775 0 922 0 912	4 737 0 917	3 820	"
74	29 C	182 20	3 447 3 410 0 918 0 922	3 428 0 920	2 508	"
75	1 D	24 80	3 865 3 870 3 528 3 520	3 867 3 524	0 343	"
76	2 D	54 10	3 690 3 665 3 027 3 055	3 677 3 041	0 636	"
77	3 D	79 65	3 485 3 430 2 200 2 205	3 457 2 202	1 255	"
78	4 D	128 40	3 708 3 680 0 927 0 933	3 694 0 930	2 764	"

ORDONNÉES.		DIFFÉRENCES	OBSERVATIONS.
de la ligne de nivellement.	de la ligne du projet.	entre les ordonnées.	
66 405	72 474	+ 6 069	
69 174	74 459	+ 5 285	Au nº 71, prise d'eau ; ponceau-viaduc.
70 383	75 525	+ 5 142	Au nº 72, chemin de la rivière; ponceau-viaduc, partie en fer.
72 160	76 718	+ 4 558	Entre le nº 73 et le n. 77, courbe n. 13.
75 980	79 322	+ 3 342	Entre le n· 74 et le n· 75, décharge et prise d'eau ; deux ponceaux-viaducs; rectification de la rivière et de la digue, encaissement de la rivière.
78 488	81 508	+ 3 020	
78 831	81 806	+ 2 975	Entre le n. 76 et le n. 77, chemin du Sablat; passage à niveau, barrières-portes; rectification du chemin.
79 467	82 445	+ 2 978	Entre le n· 77 et le n· 78, port-sec pour les usines Bouvier, Heurtier et autres des environs.
80 722	83 401	+ 2 679	Entre le n. 76 et le n. 79, courbe n. 14.
83 486	84 922	+ 1 536	

NUMÉROS rectifiés des stations.	NUMÉROS primitifs des stations.	DISTANCES.	COUPS de niveau.	MOYENNES.	DIFFÉRENCES	
					positives.	négatives.
79	5 D	97 ˏ	3 400 3 830 1 907 1 918	3 615 1 912	1 703	„
80	6 D	104 30	2 900 2 846 1 288	2 873 1 288	1 585	„
81	7 D	98 60	2 195 2 175 0 630 0 632	2 185 0 631	1 554	„
82	8 D	14 20	2 680 2 660 2 690 2 703	2 670 2 696	„	0 026
83	9 D	171 70	2 690 2 703 0 327 0 303	2 696 0 315	2 381	„
84	10 D	103 95	2 525 2 505 0 114 0 100	2 515 0 107	2 408	„
85	11 D	136 60	4 415 4 345 0 922 0 918	4 380 0 920	3 460	„
86	12 D	59 20	1 786 1 774 0 477 0 486	1 780 0 481	1 299	„
87	13 D rectifié	126 10	3 387 3 381 1 153 1 152	3 384 1 152	2 332	„
88	14 D rectifié	134 70	3 440 3 436 1 073 1 064	3 438 1 068	2 270	„

ORDONNÉES.		DIFFÉRENCES	OBSERVATIONS.
de la ligne de nivellement.	de la ligne du projet.	entre les ordonnées.	
85 189	86 105	+ 0 916	Entre le n° 79 et le n° 80, chemin de Trablène ; passage à niveau, barrières-portes.
86 774	87 537	+ 0 763	
88 328	88 540	+ 0 212	Entre le n° 80 et le n° 87, redressement de la rivière de l'Ondaine au N. du tracé du chemin de fer, et encaissement de cette rivière.
88 302	86 710	— 1 592	Entre le n° 81 et le n° 82, bords de la rivière de l'Ondaine, au lieu dit Pont-Charrat, et ruisseau de Cotatey ; pont-viaduc ; encaissement du ruisseau jusqu'à l'Ondaine redressée. La rivière ne passera plus en ce point, par suite de son redressement.
90 683	90 771	+ 0 088	Entre le n° 82 et le n° 83, chemin de service ; passage à niveau, barrières-portes.
93 091	92 018	— 1 073	Entre le n° 83 et le n° 85, courbe n. 15. Entre le n° 83 et le n° 84, sentier de service ; passage à niveau, barrières-portes.
96 551	93 652	— 2 899	Entre le n° 84 et le n° 85, sentier de service ; passage à niveau, barrières-portes.
97 850	94 373	— 3 477	Entre le n° 85 et le n° 86, rivière de l'Ondaine, qui sera redressée comme il est dit plus haut. Entre le n° 85 et le n° 89, courbe n° 16.
100 082	95 880	— 4 202	Entre le n° 86 et le n° 87, chemin de Montrambert ; ponceau, partie en fer.
102 352	97 496	— 4 856	

NUMÉROS rectifiés des stations.	NUMÉROS primitifs des stations.	DISTANCES.	COUPS de niveau.	MOYENNES.	DIFFÉRENCES. positives.	négatives.
89	15 D rectifié	159 80	4 534 4 550 0 850 0 848	4 542 0 849	3 693	"
90	16 D rectifié	157 60	4 856 4 878 0 544 0 540	4 867 0 542	4 325	"
91	17 D rectifié	95 70	3 600 3 594 0 840 0 835	3 597 0 837	2 760	"
92	18 D rectifié	151 70	4 900 4 860 0 000 0 000	4 880 0 000	4 880	"
93	19 D rectifié	103 75	4 208 4 224 0 754 0 761	4 216 0 757	3 459	"
94	20 D rectifié	43 90	3 646 3 604 1 031 1 031	3 625 1 031	2 594	"
		3421 45				

QUATRIÈME

Le point de départ de la 4ᵉ section est sur la rive gauche de l'Ondaine, au n° 94. — Le point point de départ est à 106 m. 043 au-dessus du 0, et le point d'arrivée à 135 m. 609 au-dessus

95	21 D rectifié	119 "	4 110 4 135 0 777 0 782	4 122 0 779	3 343	"
96	22 D rectifié	97 10	2 968 2 960 0 884 0 873	2 964 0 878	2 086	"

ORDONNÉES.		DIFFÉRENCES	
de la ligne de nivellement.	de la ligne du projet.	entre les ordonnées.	OBSERVATIONS.
106 045	99 413	— 6 632	Entre le nº 88 et le nº 89, chemin de Montrambert; ponceau, partie en fer. Port-sec pour le service des mines des environs de Montrambert.
110 370	101 304	— 9 066	
113 130	102 450	— 10 680	Entre le nº 89 et le nº 92, courbe nº 17. Entre le nº 90 et le nº 91, chemin de service; ponceau, partie en fer.
118 010	104 272	— 13 738	Entre le nº 91 et le nº 100, courbe nº 18. Le plan cadastral donne, pour cette longueur, 24 m. de plus que les opérations de nivellement.
121 469	105 517	— 15 952	Entre le nº 93 et le nº 94, gare de la Ricamarie. Le point d'arrivée sera pris à 106 m. au-dessus du 0, et sera placé le plus près possible de la rivière de l'Onduine, à cause de la déclivité qu'on y trouve et pour que la gare ne soit pas placée trop profondément.
124 063	106 043	— 18 020	
			Longueur de la 3ᵉ section, par suite de l'existence des courbes adoptées dans le tracé définitif du chemin, 3,377 m. 88.

SECTION.

d'arrivée est au bord oriental de la route impériale nº 82 de Roanne au Rhône, au nº 158. — Le du 0. — La rampe pour la 4ᵉ section est de 0 m. 009 par mètre.

127 906	107 114	— 20 792	Après le nº 95, chemin de la Mine; ponceau, partie en fer. Entre le nº 95 et le nº 96, prise d'eau; aqueduc. Entre le nº 95 et le nº 96, commencement du tunnel.
129 992	107 980	— 22 012	Rivière de l'Ondenon; aqueduc.

NUMÉROS rectifiés des stations.	NUMÉROS primitifs des stations.	DISTANCES.	COUPS de niveau.	MOYENNES.	DIFFÉRENCES. positives.	DIFFÉRENCES. négatives.
97	23 D rectifié	124 40	2 370 2 390 2 246 2 268	2 380 2 257	0 123	»
98	24 D rectifié	10 70	2 246 2 268 2 050 2 004	2 257 2 027	0 230	»
99	1 E rectifié	108 »	5 575 5 543 1 512 1 500	5 559 1 506	4 053	»
100	2 E rectifié	28 70	2 554 2 560 1 148 1 147	2 557 1 147	1 410	»
101	3 E rectifié	57 10	3 414 3 421 1 280 1 270	3 417 1 275	2 142	»
102	4 E rectifié	76 40	4 315 4 320 0 915 0 930	4 317 0 922	3 395	»
103	5 E rectifié	47 20	3 218 0 656 0 652	3 218 0 659	2 559	»
104	6 E rectifié	38 »	3 753 0 669 0 664	3 753 0 666	3 087	»
105	7 E rectifié	49 40	5 088 5 094 0 262 0 245	5 091 0 253	4 838	»
106	8 E rectifié	27 »	2 976 2 990 1 920 1 931	2 983 1 925	1 058	»

ORDONNÉES.		DIFFÉRENCES	
de la ligne de nivellement.	de la ligne du projet.	entre les ordonnées.	OBSERVATIONS.
130 115	109 107	— 21 008	
130 345	109 203	— 21 142	
134 398	110 175	— 24 223	Entre le n° 98 et le n° 99, puits n° 1.
135 808	110 434	— 25 375	Entre le n° 99 et le n° 109, courbe n° 19.
137 950	110 948	— 27 002	
141 345	111 636	— 29 709	
143 904	112 060	— 31 844	Entre le n° 102 et le n° 103, chemin de service de la Ricamarie au ruisseau du Merlant. Id., chemin de la Ricamarie au Montcel. Id., puits n° 2.
146 991	112 402	— 34 589	
151 829	112 847	— 38 982	
152 887	113 090	— 39 797	Entre le n° 105 et le n° 106, route impériale n° 88 de Lyon à Toulouse.

NUMÉROS rectifiés des stations.	NUMÉROS primitifs des stations.	DISTANCES.	COUPS de niveau.	MOYENNES.	DIFFÉRENCES.	
					positives.	négatives.
107	9 E rectifié	22 80	3 750 3 747 0 133 0 153	3 748 0 143	3 605	»
108	10 E rectifié	41 20	3 885 3 880 0 072	3 882 0 072	3 810	»
109	11 E rectifié	31 20	3 624 3 620 0 440 0 450	3 622 0 445	3 177	»
110	12 E rectifié	26 60	3 010 3 027 0 376 0 366	3 018 0 371	2 647	»
111	13 E rectifié	24 20	2 826 2 840 0 469 0 463	2 833 0 466	2 367	»
112	14 E rectifié	31 70	3 958 3 962 0 222 0 216	3 960 0 219	3 741	»
113	15 E rectifié	55 »	2 580 2 583 0 100 0 104	2 581 0 102	2 479	»
114	16 E rectifié	51 20	3 900 0 089	»	3 811	»
115	17 E rectifié	19 60	3 558 3 544 0 110	3 551 0 110	3 441	»
116	18 E rectifié	13 30	2 782 2 778 0 250 0 256	2 780 0 253	2 527	»
117	19 E rectifié	20 60	3 854 3 843 0 078	3 848 0 078	3 770	»

ORDONNÉES		DIFFÉRENCES	OBSERVATIONS.
de la ligne de nivellement.	de la ligne du projet.	entre les ordonnées.	
156 492	113 295	— 43 492	
160 302	113 664	— 46 638	
163 479	113 944	— 49 535	Entre le n° 108 et le n° 123, courbe n° 20. Après le n° 108, puits n° 3.
166 126	114 184	— 51 942	
168 493	114 402	— 54 096	
172 234	114 687	— 57 547	
174 713	115 182	— 59 531	Entre le n° 113 et le n° 114, puits n° 4.
178 524	115 643	— 62 881	
181 965	115 819	— 66 146	
184 492	115 939	— 68 553	
188 262	116 124	— 72 138	

NUMÉROS rectifiés des stations.	NUMÉROS primitifs des stations.	DISTANCES.	COUPS de niveau.	MOYENNES.	DIFFÉRENCES positives.	négatives.
118	15 E	76 „	1 020 1 018 3 635 3 650	1 019 3 642	„	2 623
119	16 E	28 45	0 275 0 280 3 262 3 280	0 277 3 271	„	2 994
120	17 E	26 70	0 306 4 653 4 678	0 306 4 665	„	4 359
121	18 E	58 90	3 137 3 142 0 104 0 112	3 139 0 108	3 031	„
122	19 E	32 „	2 160 2 154 0 693 0 702	2 157 0 697	1 460	„
123	20 E	39 70	4 240 4 232 0 220 0 219	4 236 0 219	4 017	„
124	21 E	28 90	4 000 4 008 0 292	4 004 0 292	3 712	„
125	22 E	28 „	2 965 2 978 0 353 0 340	2 971 0 346	2 625	„
126	23 E	38 70	4 275 4 283 0 746 0 734	4 279 0 740	3 539	„
127	24 E	37 90	2 758 2 767 0 970 0 958	2 762 0 964	1 798	„

ORDONNÉES		DIFFÉRENCES	OBSERVATIONS.
de la ligne de nivellement.	de la ligne du projet.	entre les ordonnées.	
185 639	116 808	— 68 831	
182 645	117 064	— 65 581	
178 286	117 305	— 60 981	Entre le n° 120 et le n° 121, puits n° 5.
181 317	117 835	— 64 482	
182 777	118 123	— 64 654	
186 794	118 480	— 68 314	
190 506	118 740	— 71 766	
193 131	118 992	— 74 139	Entre le n° 125 et le n° 126, puits n° 6.
196 670	119 340	— 77 330	
198 468	119 682	— 78 786	

NUMÉROS rectifiés des stations.	NUMÉROS primitifs des stations.	DISTANCES.	COUPS de niveau.	MOYENNES.	DIFFÉRENCES positives.	négatives.
128	25 E	36 50	3 585 3 582 0 465	3 583 0 465	3 118	"
129	26 E	21 40	0 465 1 475 1 487	0 465 1 481	"	1 016
130	27 E	28 20	4 660 4 645 1 435 1 440	4 652 1 437	3 215	"
131	28 E	35 60	1 435 1 440 0 152 0 142	1 437 0 147	1 290	"
132	29 E	87 10	1 933 1 950 3 566 3 560	1 941 3 563	"	1 622
133	30 E	34 30	0 528 0 531 2 923 2 932	0 529 2 927	"	2 398
134	31 E	29 50	0 582 0 584 2 890 2 895	0 583 2 892	"	2 309
135	32 E	55 "	0 463 0 470 1 741 1 747	0 466 1 744	"	1 278
136	33 E	51 90	2 279 2 283 3 561 3 577	2 281 3 569	"	1 288
137	34 E	63 "	0 441 0 436 1 533 1 537	0 438 1 535	"	1 097

ORDONNÉES		DIFFÉRENCES	OBSERVATIONS.
de la ligne de nivellement.	de la ligne du projet.	entre les ordonnées.	
201 586	120 010	— 81 576	
200 570	120 203	— 80 367	
203 785	120 456	— 83 329	
205 075	120 777	— 84 298	
203 453	121 561	— 81 892	Entre le n° 131 et le n° 132, chemin de la Béraudière à la Vionne. Id., puits n° 7.
201 055	121 869	— 79 286	
198 746	122 135	— 76 611	
197 468	122 630	— 74 838	Entre le n° 134 et le n° 135, chemin de la Béraudière à Saulore.
196 180	123 097	— 73 083	Entre le n° 135 et le n° 136, puits n° 8.
195 083	123 664	— 71 419	

NUMÉROS rectifiés des stations.	NUMÉROS primitifs des stations.	DISTANCES.	COUPS de niveau.	MOYENNES.	DIFFÉRENCES	
					positives.	négatives.
138	35 E	53 20	1 152 1 154 1 862 1 847	1 153 1 854	"	0 701
138 bis	35 E bis	"	"	"	"	"
139	36 E	109 "	1 380 1 423 2 000 2 013	1 401 2 006	"	0 605
140	37 E	126 10	1 500 1 577 3 980 3 995	1 538 3 985	"	2 449
141	38 E	15 90	2 617 2 635 2 713 2 696	2 626 2 704	"	0 078
142	39 E	26 20	0 898 0 900 3 498 3 506	0 899 3 502	"	2 603
143	40 E	48 10	0 313 0 311 2 617 2 643	0 312 2 630	"	2 318
144	41 E	57 66	0 172 0 158 4 023 4 000	0 165 4 011	"	3 846
145	42 E	45 70	0 490 0 470 3 935 3 960	0 484 3 947	"	3 463
146	43 E	75 20	0 306 0 293 4 975 4 960	0 299 4 967	"	4 668
147	44 E	54 40	0 363 0 371 3 702 3 680	0 367 3 691	"	3 324

ORDONNÉES		DIFFÉRENCES	
de la ligne de nivellement..	de la ligne du projet.	entre les ordonnées.	OBSERVATIONS.
194 382	124 143	— 70 239	Entre le n° 138 et le n° 146, courbe n° 21. Entre le n° 138 et le n° 139, puits n° 9.
"	"	"	
193 777	125 124	— 68 653	Entre le n° 139 et le n° 140, chemin de service de Saulore à la route impériale n° 88.
191 328	126 259	— 65 069	
191 250	126 402	— 64 848	Entre le n° 141 et le n° 142, puits n° 10.
188 647	126 638	— 62 009	
186 329	127 071	— 59 258	
182 483	127 589	— 54 894	
179 020	128 001	— 51 019	Entre le n° 145 et le n° 146, puits n° 11.
174 352	128 678	— 45 674	
171 028	129 167	— 41 861	

NUMÉROS rectifiés des stations.	NUMÉROS primitifs des stations.	DISTANCES.	COUPS de niveau.	MOYENNES.	DIFFÉRENCES positives.	DIFFÉRENCES négatives.
148	45 E	44 "	0 450 0 470 2 788 2 798	0 460 2 793	"	2 333
149	46 E	66 30	0 457 0 447 4 650 4 670	0 452 4 660	"	4 208
150	47 E	76 60	0 407 0 400 4 210 4 225	0 403 4 217	"	3 814
151	48 E	56 80	0 494 0 481 3 738 3 764	0 487 3 751	"	3 264
152	49 E	61 40	0 530 0 520 3 630	0 525 3 630	"	3 105
153	50 E	46 "	0 426 0 444 3 728 3 734	0 435 3 731	"	3 296
154	51 E	72 50	3 240 3 248 5 070 5 080	3 244 5 075	"	1 831
155	52 E	98 "	0 202 0 230 2 180 2 150	0 216 2 165	"	1 949
156	53 E	81 30	0 342 0 371 1 964 2 010	0 356 1 987	"	1 631
157	54 E	97 20	1 573 1 561 2 387 2 410	1 567 2 398	"	0 831

ORDONNÉES		DIFFÉRENCES	OBSERVATIONS.
de la ligne de nivellement.	de la ligne du projet.	entre les ordonnées.	
168 695	129 563	— 39 132	
164 487	130 160	— 34 317	Entre le n° 148 et le n° 149, puits n° 12.
160 673	130 849	— 29 824	Entre le n° 149 et le n° 150, sentier.
157 409	131 360	— 26 049	
154 304	131 913	— 22 391	Au n° 152, fin du tunnel n° 3.
151 008	132 327	— 18 681	
149 177	132 980	— 16 197	
147 228	133 862	— 13 366	Entre le n° 155 et le n° 160, courbe n° 22.
145 597	134 593	— 11 004	
144 766	135 468	— 9 298	

NUMÉROS rectifiés des stations.	NUMÉROS primitifs des stations.	DISTANCES.	COUPS de niveau.	MOYENNES.	DIFFÉRENCES positives.	DIFFÉRENCES négatives.
158	55 E ou 11 C'	15 60	2 387 2 410 2 890 2 850	2 398 2 870	"	0 472
		3285 31				

CINQUIÈME

Le point de départ de la 5ᵉ section est au bord de la route impériale nᵒ 82, au nᵒ 158. — Le point au-dessus du 0, et le point d'arrivée à 133 m. au-dessus du 0. — La pente pour la 5ᵉ section est

159	10 C'	63	4 735 5 047	" "	"	0 312
160	9 C'	100	1 697 2 820	" "	"	1 123
161	8 bis C'	10	2 820 2 820	" "	"	0 000
162	8 C'	90	3 097 5 482	" "	"	2 385
163	7 C'	72 20	1 514 3 448	" "	"	1 943
164	6 C'	100	4 932 3 892	" "	1 040	"
165	5 C'	100	0 243 3 169	" "	"	2 926
166	4 C'	110	3 148 6 191	" "	"	3 043
167	3 C'	35 10	3 545 5 198	" "	"	1 653
168	2 C'	82	4 267 2 846	" "	1 421	"
169	1 C'	70	2 855 3 638	" "	"	0 778
170	17 B'	100	1 485 2 937	" "	"	1 452
171	16 B'	37 50	0 957 1 634	" "	"	0 677

ORDONNÉES		DIFFÉRENCES	
de la ligne de nivellement.	de la ligne du projet.	entre les ordonnées.	OBSERVATIONS.
144 294	135 609	— 8 685	Entre le n° 157 et le n° 158, route impériale n° 82 de Roanne au Rhône ; pont.
			Longueur de la 4ᵉ section, par suite de l'existence des courbes adoptées dans le tracé définitif du chemin, 3,253 m. 34.

SECTION.

d'arrivée est situé sur la rive gauche du Furens, au n° 172. — Le point de départ est à 135 m. 609 de 0 m. 00264 par mètre.

143 982	135 442	— 8 540	Entre le n° 158 et le n° 159, chemin de service ; ponceau, partie en fer.
142 859	135 178	— 7 681	Entre le n° 160 et le n° 168, courbe n° 23.
142 859	135 152	— 7 707	Entre le n° 160 et le n° 162, chemin de la Grange-de-l'Œuvre à la rivière ; ponceau, partie en fer. Id. chemin de Valbenoite à la rivière ; ponceau, partie en fer.
140 474	134 914	— 5 560	
138 540	134 724	— 3 816	
139 580	134 460	— 5 120	Entre le n° 164 et le n° 165, chemin de Valbenoite à Rochetaillé ; pont, partie en fer. On élèvera le chemin des deux côtés.
136 654	134 196	— 2 458	Entre le n° 165 et le n° 166, chemin de service ; passage à niveau , barrière-portes.
133 611	133 909	+ 0 298	Entre le n° 166 et le n° 167, chemin de Champagne aux usines situées sur les bords de Furens ; passage à niveau , barrières-portes.
131 958	133 816	+ 1 858	Entre le n° 167 et le n° 168, port-sec pour le service des usines des environs de Valbenoite.
133 379	133 600	+ 0 221	
132 601	133 415	+ 0 814	Entre le n° 169 et le n° 178, courbe n° 24.
131 149	133 151	+ 2 002	Entre le n° 169 et le n° 170, biez des usines de Valbenoite ; ponceau-viaduc.
130 472	133 053	+ 2 581	

NUMÉROS rectifiés des stations.	NUMÉROS primitifs des stations.	DISTANCES.	COUPS de niveau.	MOYENNES.	DIFFÉRENCES positives.	négatives.
172	15 B'	16 60	1 321 1 892	"	"	0 571
		986 40				

SIXIÈME

Le point de départ pour la 6ᵉ section est sur la rive droite du Furens, au nᵒ 172. — Le point au-dessus du 0, et le point d'arrivée à 104 m. 892 au-dessus du 0. — La pente pour la 6ᵉ section

173	14 B'	21 20 { 11 62	1 892 3 441	"	"	1 549
174		9 58	6 488 1 214	"	5 274	"
175	13 B'	20 60	16 746 8 305	"	8 441	"
176	12 B'	28 55	5 396 1 431	"	3 965	"
177		15 65	1 532 1 954	"	"	0 422
178	11 B'	60 "	6 099 4 737	"	1 362	"
179	10 B'	111 50	24 003 4 045	"	19 958	"
180	9 B'	106 80	12 220 2 413	"	9 807	"
181	8 B'	38 10	1 494 2 534	"	"	1 040
182	7 B'	70 "	5 994 10 230	"	"	4 236
183	6 B'	28 "	0 473 1 126	"	"	0 653
184	5 B'	33 "	1 046 3 366	"	"	2 320
185	4 B'	50 "	4 007 12 897	"	"	8 890
186	3 B'	50 "	0 893 14 579	"	"	13 686
187	2 B'	50 "	2 658 16 023	"	"	13 365

ORDONNÉES		DIFFÉRENCES	
de la ligne de nivellement.	de la ligne du projet.	entre les ordonnées.	OBSERVATIONS.
129 901	133 000	+ 3 099	Entre le n° 172 et le n° 173, rivière du Furens; pont-viaduc; encaissement de la rivière. Le fond du lit est à 2 m au-dessous du bord, au n° 172. Id., sentier.; passage à niveau, barrières-portes. Longueur de la 5ᵉ section, par suite de l'existence des courbes adoptées dans le tracé définitif du chemin, 960 m. 54.

SECTION.

d'arrivée est sur la voie du chemin de fer de Lyon, au n° 225. — Le point de départ est à 133 m. est de 0 m. 01197 par mètre.

128 836	132 860	+ 4 024	
133 626	132 746	— 0 880	Entre le n° 173 et le n° 175, commencement du tunnel n° 4.
142 067	132 500	— 9 567	Entre le n° 175 et le n° 177, chemin de la Chapelle à Rochetaillée.
146 032	132 157	— 13 875	Id., chemin de grande communication n° 19 de Saint-Étienne à Serrières.
145 610	131 970	— 13 640	
146 972	131 252	— 15 720	Entre le n° 178 et le n° 179, chemin de Valbenoite à Terre-Noire.
166 930	129 917	— 37 013	
177 537	128 639	— 48 898	Entre le n° 179 et le n° 180, puits n° 13. Entre le n° 179 et le n° 180, rue du Bois, non bâtie.
176 497	128 183	— 48 314	
172 261	127 345	— 44 916	Entre le n° 181 et le n° 182, chemin du Petit-Bois.
171 608	127 010	— 44 598	Entre le n° 182 et le n° 183, puits n° 14.
169 288	126 615	— 42 673	
160 398	126 017	— 34 381	
146 712	125 418	— 21 294	Entre le n° 186 et le n° 187, chemin de service.
133 347	124 820	— 8 527	

15

NUMÉROS rectifiés des stations.	NUMÉROS primitifs des stations.	DISTANCES.	COUPS de niveau.	MOYENNES.	DIFFÉRENCES positives.	négatives.
188	1 B'	30 "	2 951 5 642	" "	"	2 691
189	24 A'	6 10	2 575 5 941	" "	"	3 366
190	23 A'	70 "	1 937 3 686	" "	"	1 749
191	22 A'	100 "	2 096 2 743	" "	"	0 647
192	21 A'	60 "	2 743 1 224	" "	1 519	"
193		65 40	2 447 1 375	" "	1 072	"
194	20 A'	0 60	2 742 3 541	" "	"	0 799
195		6 "	3 541 3 541	" "	0	0
196		0 60	3 541 2 901	" "	0 640	"
197	19 A'	20 "	2 427 1 143	" "	1 284	"
198	18 A'	90 "	2 612 3 250	" "	"	0 638
199	17 A'	110 "	1 103 3 702	" "	"	2 599
200	16 A'	100 "	2 777 5 916	" "	"	3 139
200 bis	15 A'	"	" "	" "	"	"
201	14 A'	80 "	12 925 9 065	" "	3 860	"
202	13 A'	80 "	1 918 2 967	" "	"	1 049
203	12 A'	37 80	2 967 2 144	" "	0 823	"
204	11 A'	48 "	2 631 1 505	" "	1 126	"
205	10 A'	50 "	1 505 3 469	" "	"	1 964
206	9 A'	114 "	4 960 6 224	" "	"	1 264
207		0 80	2 621 2 874	" "	"	0 253

(72 60)

ORDONNÉES		DIFFÉRENCES	OBSERVATIONS.
de la ligne de nivellement.	de la ligne du projet.	entre les ordonnées.	
130 636	124 460	— 6 176	
127 290	124 387	— 2 903	Entre le nᵒ 189 et le nᵒ 190, fin du tunnel.
125 541	123 550	— 2 011	Id , ruisseau du Chavanellet; ponceau-viaduc; rectification et encaissement du ruisseau. Le fond du lit est à 1 m. 30 au-dessous du bord.
124 894	122 353	— 2 541	Entre le nᵒ 190 et le nᵒ 191, sentier; passage à niveau, barrières-portes.
126 413	121 634	— 4 779	Entre le nᵒ 192 et le nᵒ 196, rue Pelissier, non bâtie; passage à niveau, barrières-portes.
127 485	120 851	— 6 634	
126 686	120 844	— 5 842	
126 686	120 772	— 5 914	
127 326	120 765	— 6 561	Entre le nᵒ 196 et le nᵒ 197, chemin de service; passage à niveau, barrières-portes.
128 610	120 526	— 8 084	Entre le nᵒ 196 et le nᵒ 198, rectification et encaissement du Chavanellet.
127 972	119 449	— 8 523	Entre le nᵒ 196 et le nᵒ 200 bis, courbe nᵒ 25. Entre le nᵒ 197 et le nᵒ 198, chemin de grande communication nᵒ 19 de Saint-Etienne à Serrières; pont, partie en fer.
125 373	118 132	— 7 241	Entre le nᵒ 198 et le nᵒ 199, chemin du Jardin-des-Plantes; pont, partie en fer.
122 234	116 935	— 5 299	Au nᵒ 199, première gare de Saint-Etienne. Au nᵒ 200, commencement du tunnel nᵒ 5.
"	"	"	
126 094	115 977	— 10 117	
125 045	115 020	— 10 025	
125 868	114 567	— 11 301	
126 994	113 993	— 13 001	Entre le nᵒ 204 et le nᵒ 214, courbe nᵒ 26. Entre le nᵒ 204 et le nᵒ 205, puits nᵒ 15.
125 030	113 394	— 11 636	
123 766	112 030	— 11 736	
123 513	112· 020	— 11 493	

NUMÉROS rectifiés des stations.	NUMÉROS primitifs des stations.	DISTANCES.	COUPS de niveau.	MOYENNES.	DIFFÉRENCES positives.	négatives.
208	8 A'	55 "	2 125 3 495	" "	"	1 370
209		82 40	2 870 3 832	" "	"	0 962
210	6 A'	5 80	3 832 1 205	" "	2 627	"
211		11 "	1 205 1 205	" "	0	0
212		0 80	1 205 4 032	" "	"	2 827
213	5 A'	47 "	0 618 0 953	" "	"	0 335
214	4 A'	60 "	0 953 1 996	" "	"	1 043
215	3 A'	41 "	5 590 8 184	" "	"	2 794
216	2 A'	70 50	1 990 5 112	" "	"	3 122
217	(a)	58 "	5 521 7 609	" "	"	2 088
218	(b)	33 "	0 329 1 681	" "	"	1 352
219	(c)	10 "	0 050 0 561	" "	"	0 511
220	(d)	17 50	0 681 2 396	" "	"	0 715
221	(e)	25 50	0 561 5 560	" "	"	4 999
222	(f)	7 "	5 560 3 658	" "	1 902	"
223	(g)	48 "	0 755 1 296	" "	"	0 541
224	(h)	1 "	1 296 3 070	" "	"	1 773
225	OA'	22 "	3 070 3 516	" "	"	0 436
		2348 20				

ORDONNÉES		DIFFÉRENCES	
de la ligne de nivellement.	de la ligne du projet.	entre les ordonnées.	OBSERVATIONS.
122 143	111 362	— 10 781	Entre le nº 208 et le nº 209, puits nº 16.
121 181	110 375	— 10 806	
123 808	110 306	— 13 502	
123 808	110 174	— 13 634	
120 981	110 165	— 10 816	
120 646	109 602	— 11 044	
119 603	108 894	— 10 709	
116 809	108 403	— 8 406	Entre le nº 215 et le nº 224, courbe nº 27. Au nº 215, fin du tunnel nº 5.
113 687	107 559	— 6 128	Entre le nº 215 et le nº 216, chemin de Saint-Etienne à la Richerandière; ponceau, partie en fer. Id., rue non bâtie; ponceau, partie en fer.
111 599	106 865	— 4 734	Entre le nº 216 et le nº 224, route impériale nº 88 de Lyon à Toulouse; pont, partie en fer. Id., ancienne route de Saint-Etienne à Lyon; pont partie en fer.
110 247	106 470	— 3 777	
110 053	106 351	— 3 702	En (c), milieu de l'ancienne route de Lyon.
109 532	106 142	— 3 390	
104 533	105 837	+ 1 304	
106 435	105 742	— 0 693	
105 894	105 167	— 0 727	
104 120	105 155	+ 1 035	Au nº 224, deuxième gare de Saint-Etienne et gare de raccordement.
103 684	104 892	+ 1 208	

Longueur de la 6ᵉ section, par suite de l'existence des courbes adoptées dans le tracé définitif du chemin, 2,319 m. 81.

Profils en travers correspondant au profil en long adopté.

Le nombre des profils en travers qui correspondent au profil en long adopté est de 188.

Nous avons multiplié les profils en travers suivant les accidents du terrain et certains détails importants.

Pour le relevé des profils en travers, on a mis tout le soin qui a présidé à l'exécution du profil en long.

On trouvera annexés au profil en long, rapporté graphiquement, les profils en travers qui lui correspondent avec tous les détails nécessaires.

Ces profils en travers sont rapportés graphiquement, comme nous l'avons dit, à l'échelle de 1 millième.

COURBES.

Le nombre des courbes est de 27. Ces courbes sont à très grands rayons, car le moindre rayon est de 600 mètres.

Le tableau suivant donnera les situations respectives des courbes avec les résultats de tous les calculs qui leur correspondent.

TABLEAU DES ANGLES, TANGENTES, RAYONS ET COURBES.

Nos d'ordre.	SITUATIONS DES COURBES.	OUVERTURES d'angles.	LONGUEURS DES		
			tangentes.	rayons.	courbes
	PREMIÈRE SECTION.				
1	Au S.-E. de la Fenderie, entre le n° 0 et le n° 2.	169°30'	129m nc	1391m nc	254m9 c
2	Au chemin vicinal d'Unieux, entre le n° 2 et le n° 4.	175 45	57 25	1556 "	113 12
3	Au ravin-ruisseau d'Egoutay, entre le n° 4 ter et le n° 5 bis.	172 45	72 32	1152 "	144 10
4	A la Briqueterie, entre le n° 7 bis et le n° 8 bis.	177 "	48 70	1548 "	81 05
5	Au S.-E. des Planches, entre le n° 11 et le n° 16.	166 48	80 "	691 44	159 29
6	Vis-à-vis des usines Holtzer, entre le n° 18 et le n° 25.	159 "	111 70	600 "	219 90
	DEUXIÈME SECTION.				
7	A l'E. du Pont-du-Sauze, entre le n° 29 et le n° 36.	148 32	281 70	1000 "	549 18
8	A l'O. de Corde, entre le n° 38 et le n° 40.	171 24	75 10	1000 "	144 25
9	Au N. de la Malafolie, entre le n° 47 et le n° 49.	168 "	105 10	1000 "	209 43
10	Au S. de Chaponot, entre le n° 50 et le n° 53.	167 56	105 70	1000 "	210 59
11	A l'O. du Chambon, entre le n° 60 et le n° 63.	164 30	112 75	829 "	224 26
	TROISIÈME SECTION.				
12	Au N. du Chambon entre le n° 65 et le n° 71.	156 56	204 10	1000 "	402 58
13	A l'E. du Chambon, entre le n° 73 et le n° 77.	159 16	110 70	600 "	217 11
14	Au S. de Trablène, entre le n° 76 et le n° 79.	159 33	138 60	765 30	273 14
15	Entre Pont-Charrat et les Fourches, entre le n° 83 et le n° 85.	173 24	57 60	1000 "	115 10
16	Au N. des Fourches, entre le n° 85 et le n° 89.	162 25	154 10	1000 "	306 86
17	A l'O. de la Verrerie, entre le n° 89 et le n° 92.	163 37	110 "	764 40	218 57
18	Au N.-O. de la Ricamarie, entre le n° 91 et le n° 100.	140 32	358 65	1000 "	690 57

N° d'ordre.	SITUATIONS DES COURBES.	OUVERTURES d'angles.	LONGUEURS DES		
			tangentes.	rayons.	courbes
	QUATRIÈME SECTION.				
19	Au N. de la Ricamarie, entre le n° 99 et le n° 109.	168° 8'	192ᵐ50ᶜ	1086ᵐ65ᶜ	378ₘ69ᶜ
20	A l'E. de la Ricamarie, entre le n° 108 et le n° 123.	143 16	255 »	768 »	493 73
21	Au N. de Saulore, entre le n° 138 et le n° 146.	151 38	252 70	1000 »	496 84
22	Au S. de la Core, entre le n° 155 et le n° 160.	167 42	107 75	1000 »	214 67
	CINQUIÈME SECTION.				
23	Au S. de Valbenoite, entre le n° 160 et le n° 168.	118 40	335 80	600 »	642 24
24	A l'E. de Valbenoite, entre le n° 169 et le n° 178.	169 58	85 80	1000 »	175 10
	SIXIÈME SECTION.				
25	Au N.-O. de Villebeuf, entre le n° 196 et le n° 200 bis.	148 58	333 »	1200 »	649 95
26	A l'O. de l'École des mines, entre le n° 204 et le n° 214.	146 39	179 70	600 »	349 24
27	Au S. de la gare de Bérard, entre le n° 215 et le n° 224.	159 50	106 68	600 »	211 18

PENTES ET RAMPES.

Les conditions orographiques du terrain, les cours d'eau, les gares et les ports secs rendaient d'une extrême difficulté le ménagement des pentes et des rampes. Ces éléments ordonnateurs n'ont pas permis de distribuer, comme on l'aurait voulu, sur toute la longueur du parcours, la différence de niveau qui existe entre le point de départ et le point d'arrivée, par conséquent, d'avoir une pente uniforme et très faible. Cependant, nous sommes parvenus à obtenir des pentes et des rampes qui sont toutes au-dessous de 12 millimètres par mètre.

Voici l'indication des pentes et des rampes par sections :

La rampe de la première section est de 0 m. 01039 par mètre ;

Celle de la deuxième section, 0 m. 01150 ;

Celle de la troisième section, 0 m. 011995 ;

Celle de la quatrième section, 0 m. 009 ;

La pente de la cinquième, 0 m. 00264 ;

Enfin celle de la sixième section, 0 m. 01197.

On voit que la rampe est faible dans le grand tunnel.

Le partage de toute la ligne en deux pentes, qui ont lieu en sens inverse, s'effectue sur la route impériale n° 82, de Roanne au Rhône, au n° 158.

Il y aura six gares : la première, au bas d'Unieux ; la seconde, à Firminy ; la troisième, au Chambon ; la quatrième, à la Ricamarie ; la cinquième, au-dessous du jardin des plantes de Saint-Étienne ; la sixième, à côté de la gare de Bérard.

La première gare sera la gare principale, car elle comprendra les principaux magasins et ateliers du matériel. Sa situation et ses dispositions rendront faciles les arrivages du dehors.

La deuxième sera pour le service de Firminy et des environs de cette ville ; elle est placée dans un endroit où des chemins faciliteront les entrées et les sorties.

La troisième est dans des conditions semblables pour le Chambon-Feugerolles et les environs.

La quatrième a été placée le mieux qu'il a été possible pour la Ricamarie, le Montcel, etc. Mais elle se trouvera à un niveau inférieur au sol des alentours, et surtout de la Ricamarie, quoique nous l'ayons rapprochée autant que nous l'avons pu de l'Ondaine.

Aussi serons-nous forcés d'approprier par des contours et des pentes les chemins qui, des différents lieux, aboutiront à la gare. Auprès de la gare, les piétons descendront des escaliers; tandis que les marchandises seront déposées sur des plates-formes ou gares auxiliaires de chargement et de déchargement, pour être descendues sur les voies d'évitement au moyen de machines mobiles, et des voies d'évitement seront montées par les mêmes machines pour être déposées sur les plates-formes. Vu la nécessité de conserver des pentes et des rampes faibles pour l'établissement du chemin de fer, et de ne pas trop éloigner la gare des centres de population, rien de plus simple n'a pu être trouvé, à moins que l'on n'admette le long de la ligne des plans inclinés avec voies ferrées, sur lesquelles la traction s'effectuerait, soit au moyen d'une machine fixe, soit avec des chevaux, soit enfin par le mécanisme usité pour les plans automoteurs. Au reste la question ne sera définitivement décidée qu'au moment de l'exécution des travaux.

La cinquième gare a été fixée sur la place de Villebeuf, en face de la rue de la Badouillière qui conduit à la sous-préfecture de Saint-Étienne. Cet emplacement sera très commode pour la majeure partie de la population de la ville.

La sixième gare a été placée à côté de celle de Bérard. Cette position sera très commode pour la population qui se trouve trop éloignée de la place de Villebeuf, pour les voyageurs qui arriveront par les chemins de fer de grande communication de Lyon et de Roanne, ou qui voudront prendre ceux-ci, enfin pour l'embarquement et le débarquement des marchandises. Seulement le passage des routes de Lyon et l'obligation de ne pas atteindre des pentes de 12 millimètres par mètre nous ont contraint à établir cette gare d'arrivée à environ 1 m. 50 au-dessus du niveau du chemin de fer de Lyon. Mais les wagons, arrivés en face du chemin de Lyon, tourneront sur des plaques et longeront, au moyen d'un petit plan incliné, la ligne de Lyon jusqu'à une faible distance, pour y entrer lorsqu'ils auront atteint le niveau de la voie. Cette disposition donnera au port sec une forme allongée suivant la ligne principale, ce qui d'ailleurs sera très commode pour l'embarquement et le débarquement.

Outre les ports secs dépendants des gares, nous proposons pour le moment neuf ports secs spéciaux :

Deux pour le service des mines d'Unieux et Fraisse ;

Un pour le service des mines d'Unieux et Fraisse, et pour celui des usines Holtzer ;

Un pour le service des mines d'Unieux et Fraisse, et pour celui des mines de Firminy ;

Un pour le service des mines et des fours à coke de la Malafolie, et pour celui des usines ou fabriques des environs ;

Un pour le service des usines Claudinon ;

Un pour le service des usines Bouvier, Heurtier et des environs ;

Un pour le service des mines des environs de Montrambert et pour celui des usines voisines ;

Un pour le transport des charbons, cokes et autres objets à Valbenoite et aux environs, où il y a d'importantes usines.

Les plans à l'échelle de 1 millième et le tableau des travaux d'art indiquent la position de toutes les gares et de tous les ports secs.

Gares d'évitement.

Toutes les gares et tous les ports secs auront leurs voies d'évitement ; celles-ci seront aussi multipliées et étendues qu'il sera nécessaire pour la plus grande sécurité.

PASSAGES A NIVEAU AVEC BARRIÈRES-PORTES.

Il y aura dix-huit passages à niveau avec barrières-portes ; mais aucun de ces passages à niveau n'a lieu sur une route impériale non réformée, ni même sur un chemin de grande communication.

On trouvera dans les tableaux du profil en long adopté et des travaux d'art, ainsi que sur les plans à l'échelle de 1 millième, les situations respectives de tous ces passages à niveau.

PONTS-VIADUCS ET PONCEAUX-VIADUCS.

Il y aura six ponts-viaducs, c'est-à-dire six ponts sur lesquels le chemin de fer passera.

Il y aura aussi vingt-quatre ponceaux-viaducs.

On trouvera sur les plans à l'échelle de 1 millième, ainsi que dans les tableaux du profil en long adopté et des travaux d'art, les situations respectives de tous ces ponts-viaducs et ponceaux-viaducs.

PONTS ET PONCEAUX.

Il y aura six ponts, c'est-à-dire six ponts sous lesquels le chemin de fer passera.

Il y aura aussi treize ponceaux.

Les plans à l'échelle de 1 millième, ainsi que les tableaux du profil en long adopté et des travaux d'art indiqueront les positions respectives de ces ponts et ponceaux.

TUNNELS ET PUITS.

Il y aura cinq tunnels, qui seront construits dans les meilleures conditions en dimensions, en formes et en solidité.

La longueur du tunnel n° 1 sera de 105 m. ;

Celle du n° 2 sera de 75 m. ;

Celle du n° 3 sera de 2,766 m. ;

Celle du n° 4 sera de 677 m. ;

Celle du n° 5 sera de 713 m.

La longueur totale des tunnels sera donc de 4,336 m. environ; mais cette longueur pourra être diminuée : car les tunnels n°ˢ 1, 2 et 5 pourront être sinon supprimés, du moins réduits de beaucoup.

Les plans de détails, ainsi que les tableaux des travaux d'art et du profil en long adopté, indiqueront les positions respectives des tunnels.

Le percement des tunnels nécessitera le fonçage de 16 puits.

Les tunnels n°ˢ 1 et 2, vu leurs faibles longueurs, n'auront pas de puits ;

Le tunnel n° 3 aura 12 puits ;

Le tunnel n° 4 aura 2 puits ;

Le tunnel n° 5 aura aussi 2 puits ; cependant ces deux puits seront peut-être remplacés par des galeries transversales à niveau.

En moyenne les puits d'un même tunnel seront éloignés de 200 m. les uns des autres ; nous les avons rapprochés afin de pouvoir abréger le temps nécessaire au percement des tunnels. Après l'exécution des tunnels, ces puits serviront pour l'aérage et pour le jour. Ils seront entourés d'une margelle en maçonnerie et d'une barrière, s'il y a lieu. Ils seront ronds et auront 2 m. 25 c. de diamètre. Approximativement le moins profond aura 12 m., et le plus profond 84 m.

En moyenne ils auront 48 m. de profondeur, et l'ensemble de leurs profondeurs sera de 785 m. environ.

Les plans de détails, ainsi que les tableaux du profil en long et des travaux d'art, indiquent les positions respectives de ces puits.

Enfin le tableau suivant donne les principales indications.

TABLEAU DES TUNNELS.

Nᵒˢ D'ORDRE.	SITUATIONS DES TUNNELS.	LONGUEURS des tunnels.	OBSERVATIONS.
	PREMIÈRE SECTION.		
1	Au S.-E. des Planches, entre le nᵒ 11 et le nᵒ 15.	105 ᵐ	Ce tunnel n'est pas indispensable.
2	Vis-à-vis des usines Holtzer, entre le nᵒ 21 et le nᵒ 24.	75	Idem.
	DEUXIÈME SECTION.		
"	"	"	"
	TROISIÈME SECTION.		
"	"	"	"
	QUATRIÈME SECTION.		
3	A la Croix de l'Orme, entre le nᵒ 95 et le nᵒ 152.	2766 ᵐ	12 puits. La longueur de ce tunnel pourra être un peu réduite.
	CINQUIÈME SECTION.		
"	"	"	"
	SIXIÈME SECTION.		
4	A la Mulatière, entre le nᵒ 175 et le nᵒ 189.	677 ᵐ	2 puits.
5	A Chant de Grillet, entre le nᵒ 200 et le nᵒ 215.	713	2 puits. La longueur de ce tunnel pourrait être bien réduite, et les puits pourraient être remplacés par des galeries transversales à niveau.

AQUEDUCS.

Il faudra construire deux aqueducs : l'un pour le cours d'eau de l'Ondenon, l'autre pour une petite prise d'eau. Ces deux aqueducs seront à côté l'un de l'autre et formeront le commencement du tunnel de la Croix de l'Orme. Celui de la prise d'eau sera entre le n° 95 et le n° 96 ; celui de la rivière de l'Ondenon sera au n° 96. L'un et l'autre seront très courts ; au reste ils ne nécessiteront pas de grands travaux.

Les plans et les tableaux donneront les détails nécessaires pour comprendre ces travaux d'art.

RECTIFICATION ET ENCAISSEMENT DE COURS D'EAU.

L'exécution du chemin de fer exigera des travaux de rectification et d'encaissement de cours d'eau. Ces travaux seront assez importants et au nombre de quinzaine.

Les rectifications consisteront à redresser, en différents points, les cours d'eau qui affectent des lignes trop sinueuses ou qui s'approchent trop du tracé définitif.

Sous le point de vue du régime des eaux, l'établissement du chemin de fer sera donc un bienfait pour l'agriculture, l'industrie et les populations ; car plusieurs cours d'eau changent souvent de lit et à certains moments deviennent des torrents très dangereux, emportant terrains, récoltes, usines, habitations, en un mot tout ce qui se trouve sur leur passage. Au moyen de rectifications et d'encaissements bien entendus, ces cours d'eau ne seront plus à redouter, et une partie assez importante du sol, aujourd'hui envahie par les torrents, sera rendue à la culture. Par exemple, le Furens, cause de la dernière inondation qui a porté la désolation dans la ville de Saint-Etienne et les environs, étant soigneusement encaissé vers la promenade de Valbenoite et les matières charriées ne pouvant plus s'y arrêter pour former une digue par leur accumulation en travers du lit, ne sera plus à craindre et la sécurité sera rendue aux habitants de la localité.

MURS DE SOUTÈNEMENT ET TRAVAUX DIVERS.

Enfin, l'exécution du chemin de fer exigera un assez grand nombre de murs de soutènement et de croisés, de rectifications de chemins ordinaires, de conduits pour l'écoulement des eaux, et de travaux divers.

NOMENCLATURE DES TRAVAUX D'ART ET DES PASSAGES A NIVEAU.

Nᵒˢ D'ORDRE.	SITUATION.	DÉSIGNATION.	NATURE DES TRAVAUX.
		PREMIÈRE SECTION.	
1	De D à Y, à la Fonderie, Bas d'Unieux.		Gare d'Unieux et du Pertuizet; logements, bureaux, magasins, remises, ateliers, château d'eau, etc.
2	A Y.	Chemin vicinal d'Unieux au Pertuizet.	Passage à niveau; barrières-portes.
3	Au nᵒ 2	Prise d'eau de l'usine Penel.	Ponceau-viaduc.
4	Entre le nᵒ 3 et le nᵒ 4.	Chemin vicinal d'Unieux au chemin de grande communication.	Ponceau, partie en fer.
5	Entre le nᵒ 4 ter et le nᵒ 5 bis.	Chemin vicinal d'Unieux aux Planches.	Ponceau, partie en fer.
6	"	Ravin ruisseau d'Egoutay.	Ponceau-viaduc, partie en fer.
7	Entre le nᵒ 5 et le nᵒ 5 bis.		Embranchement pour le service des puits d'Unieux et de l'Hôpital.
8	"		Port sec.
9	"	Chemin de service.	Passage à niveau; barrières-portes.
10	Entre le nᵒ 7 et le nᵒ 7 bis.	Chemin de service.	Passage à niveau; barrières-portes.
11	Entre le nᵒ 8 et le nᵒ 8 bis.	Chemin vicinal des Planches à Saint-Etienne.	Ponceau, partie en fer.
12	"		Embranchement pour le service des puits et galeries de Côte-Martin.
13	"		Embranchement pour le service du puits des Planches nᵒ 2,
14	"		Embranchement pour le service de la galerie et du puits des Planches nᵒ 1.
15	Entre le nᵒ 8 et le nᵒ 9.		Port sec.
16	Entre le nᵒ 9 et le nᵒ 10.	Ancien chemin des Planches à Sans-Picaud.	Ponceau-viaduc, partie en fer.
17	Au nᵒ 10.	Chemin de service allant aux Planches.	Ponceau-viaduc, partie en fer.

N⁰ˢ D'ORDRE.	SITUATION.	DÉSIGNATION	NATURE DES TRAVAUX.
18	Entre le n⁰ 11 et le n⁰ 15.		Tunnel n⁰ 1.
19	Entre le n⁰ 15 et le n⁰ 16.		Puits à eau à déplacer.
21	Avant le n⁰ 21.	Chemin de service.	Ponceau, partie en fer.
22	Entre le n⁰ 21 et le n⁰ 24.		Tunnel n⁰ 2.
23	Entre le n⁰ 24 et le n⁰ 25.	Petit ravin.	Ponceau-viaduc.
24	Près du n⁰ 25.	Plan automoteur et chemin de fer à 2 voies existant pour le service des puits de Combe-Blanche.	Embranchement.
25	Entre le n° 24 et le n° 27.		Port sec pour les produits des puits de Combe-Blanche et pour les usines Holtzer.
26	Entre le n⁰ 28 et le n⁰ 29.	Biez.	Ponceau-viaduc.
27	»	Chemin de Sablat.	Ponceau-viaduc
28	»	Rivière de l'Ondaine.	Pont-viaduc; encaissement de la rivière et du biez.

DEUXIÈME SECTION.

N⁰ˢ D'ORDRE.	SITUATION.	DÉSIGNATION	NATURE DES TRAVAUX.
29	Entre le n⁰ 29 et le n⁰ 30.		Embranchement pour le service des puits de Montessut et du Pont-du-Sause.
30	Entre le n⁰ 29 et le n⁰ 30.		Port sec pour le charbon amené par les embranchements de Montessut et du Pont-du-Sauze, pour les produits des fours à coke du Pont-du-Sauze et pour l'exploitation de Firminy.
31	Entre le n⁰ 31 et le n⁰ 32.	Canal d'écoulement des mines de Firminy.	Ponceau-viaduc.
32	Entre le n⁰ 34 et le n⁰ 35.		Gare de Firminy.
33	»	Chemin d'Ecot.	Passage à niveau; barrières-portes.
34	Entre le n⁰ 35 et le n⁰ 36.	Ruisseau de la Pesette.	Ponceau-viaduc.
35	Entre le n⁰ 41 et le n⁰ 42.	Chemin de service de Corde au Mas.	Passage à niveau; barrières-portes.
36	Entre le n⁰ 43 et le n⁰ 44.	Chemin du Mas à Saint-Victor.	Passage à niveau; barrières-portes.
37	Entre le n⁰ 44 et le n⁰ 45.	Ancienne route de Saint-Etienne.	Passage à niveau; barrières-portes.
38	Entre le n⁰ 46 et le n⁰ 47.	Rivière des Chapres et sentier des Trois-Ponts.	Encaissement de la rivière et pont-viaduc à 2 arches.
39	Entre le n⁰ 47 et le n⁰ 49.		Port sec pour les produits des puits et des fours à coke de la Malafolie.
40	Entre le n⁰ 50 et le n⁰ 51.	Chemin de Chaponot.	Ponceau-viaduc, partie en fer.
41	Entre le n⁰ 52 et le n⁰ 53.	Ruisseau de Malval.	Encaissement du ruisseau; pont-viaduc.

N°S D'ORDRE	SITUATION.	DÉSIGNATION.	NATURE DES TRAVAUX.
42	Entre le n° 54 et le n° 55.	1er chemin de la Bargette.	Ponceau-viaduc, partie en fer.
43	Au n° 55.	2e chemin de la Bargette.	Ponceau-viaduc, partie en fer.
44	Entre le n° 58 et le n° 59.	Nouveau chemin de service des usines Claudinon.	Ponceau-viaduc, partie en fer.
45	Entre le n° 58 et le n° 59.		Embranchement et port sec pour le service des usines Claudinon.
46	Entre le n° 60 et le n° 63.		Redressement et encaissement de la rivière de l'Ondaine.

TROISIÈME SECTION.

N°S D'ORDRE	SITUATION.	DÉSIGNATION.	NATURE DES TRAVAUX.
47	Au n° 62.	Ancien chemin du Chambon à Firminy.	Ponceau-viaduc, partie en fer.
48	Entre le n° 61 et le n° 64		Gare du Chambon.
49	Entre le n° 62 et le n° 63.	Ancien chemin du Chambon à Firminy.	Ponceau-viaduc, partie en fer.
50	Au n° 65.	Rue du Moulin.	Ponceau-viaduc, partie en fer.
51	Au n° 66.	Chemin du Chambon à la rivière.	Ponceau-viaduc, partie en fer.
52	Après le n° 67.	Rivière de la Vacherie.	Pont-viaduc; encaissement de la rivière.
53	Au n° 68.	Prise d'eau.	Ponceau-viaduc.
54	Au n° 71.	Prise d'eau.	Ponceau-viaduc.
55	Au n° 72.	Chemin de la rivière.	Ponceau-viaduc, partie en fer.
56	Entre le n° 74 et le n° 75.	Décharge et prise d'eau.	2 ponceaux-viaducs; rectification de la rivière et de la digue; encaissement de la rivière.
57	Entre le n° 76 et le n° 77.	Chemin de Sablat.	Passage à niveau; barrières-portes; rectification du chemin.
58	Entre le n° 77 et le n° 78.		Port sec pour les usines Bouvier, Heurtier et des environs.
59	Entre le n° 79 et le n° 80.	Chemin de Trablène.	Passage à niveau; barrières-portes.
60	Entre le n° 80 et le n° 87.		Redressement de la rivière de l'Ondaine au nord du tracé du chemin de fer, et encaissement de cette rivière.
61	Entre le n° 81 et le n° 82.	Bords de l'Ondaine et ruisseau de Cotatey.	Pont-viaduc et encaissement du ruisseau.
62	Entre le n° 82 et le n° 83.	Chemin de service.	Passage à niveau; barrières-portes.
63	Entre le n° 83 et le n° 84.	Sentier de service.	Passage à niveau; barrières-portes.
64	Entre le n° 84 et le n° 85	Sentier de service.	Passage à niveau; barrières-portes.
65	Entre le n° 85 et le n° 86.	Rivière de l'Ondaine.	Redressement de la rivière, comme il est dit plus haut.

Nᵒˢ D'ORDRE.	SITUATION.	DÉSIGNATION.	NATURE DES TRAVAUX.
66	Entre le nᵒ 86 et le nᵒ 87.	1ᵉʳ chemin de Montrambert.	Ponceau, partie en fer.
67	Entre le nᵒ 88 et le nᵒ 89.	2ᵉ chemin de Montrambert.	Ponceau, partie en fer.
68	Entre le nᵒ 88 et le nᵒ 89.		Port sec pour le service des mines des environs de Montrambert.
69	Entre le nᵒ 90 et le nᵒ 91.	Chemin de service.	Ponceau, partie en fer.
70	Entre le nᵒ 93 et le nᵒ 94.		Gare de la Ricamarie.

QUATRIÈME SECTION.

Nᵒˢ D'ORDRE.	SITUATION.	DÉSIGNATION.	NATURE DES TRAVAUX.
71	Après le nᵒ 95.	Chemin de la mine.	Ponceau, partie en fer.
72	Entre le nᵒ 95 et le nᵒ 96.	Prise d'eau.	Aqueduc.
73	Entre le nᵒ 95 et le nᵒ 96.		Tunnel nᵒ 3.
74	Au nᵒ 96.	Rivière de l'Ondenon.	Aqueduc.
75	Entre le nᵒ 98 et le nᵒ 99.		Puits nᵒ 1.
76	Entre le nᵒ 102 et le nᵒ 103.		Puits nᵒ 2.
77	Après le nᵒ 108.		Puits nᵒ 3.
78	Entre le nᵒ 113 et le nᵒ 114.		Puits nᵒ 4.
79	Entre le nᵒ 120 et le nᵒ 121.		Puits nᵒ 5.
80	Entre le nᵒ 125 et le nᵒ 126.		Puits nᵒ 6.
81	Entre le nᵒ 131 et le nᵒ 132.		Puits nᵒ 7.
82	Entre le nᵒ 135 et le nᵒ 136.		Puits nᵒ 8.
83	Entre le nᵒ 138 et le nᵒ 139.		Puits nᵒ 9.
84	Entre le nᵒ 141 et le nᵒ 142.		Puits nᵒ 10.
85	Entre le nᵒ 145 et le nᵒ 146.		Puits nᵒ 11.
86	Entre le nᵒ 148 et le nᵒ 149.		Puits nᵒ 12.
87	Entre le nᵒ 157 et le nᵒ 158.	Route impériale nᵒ 82, de Roanne au Rhône.	Pont.

CINQUIÈME SECTION.

Nᵒˢ D'ORDRE.	SITUATION.	DÉSIGNATION.	NATURE DES TRAVAUX.
88	Entre le nᵒ 158 et le nᵒ 159.	Chemin de service.	Ponceau, partie en fer.
89	Entre le nᵒ 160 et le nᵒ 162.	Chemin de la Grange de l'Œuvre à la rivière.	Ponceau, partie en fer.
90	"	Chemin de Valbenoite à la rivière.	Ponceau, partie en fer.
91	Entre le nᵒ 164 et le nᵒ 165.	Chemin de Valbenoite à Rochetaillé.	Pont, partie en fer. On élèvera le chemin des deux côtés.
92	Entre le nᵒ 165 et le nᵒ 166.	Chemin de service.	Passage à niveau; barrières-portes.
93	Entre le nᵒ 166 et le nᵒ 167.	Chemin de Champagne aux usines situées sur les bords du Furens.	Passage à niveau; barrières-portes.
94	Entre le nᵒ 167 et le nᵒ 168.		Port sec pour le service des dépôts et des usines de Valbenoite et des environs.

Nº D'ORDRE.	SITUATION.	DÉSIGNATION.	NATURE DES TRAVAUX.
95	Entre le nº 169 et le nº 170.	Biez des usines de Val-benoite.	Ponceau-viaduc.

SIXIÈME SECTION.

Nº D'ORDRE.	SITUATION.	DÉSIGNATION.	NATURE DES TRAVAUX.
96	Entre le nº 172 et le n° 174.	Rivière du Furens.	Pont-viaduc.
97	»	»	Encaissement de la rivière.
98	Entre le nº 172 et le n· 175.	Sentier.	Passage à niveau; barrières-portes.
99	Entre le nº 174 et le n° .175		Tunnel nº 4.
100	Entre le nº 179 et le nº 180.		Puits nº 13.
101	Entre le nº 182 et le n° 183.		Puits nº 14.
102	Entre le nº 189 et le n° 190.	Ruisseau du Chavanellet	Ponceau-viaduc.
103	»	»	Rectification et encaissement du ruisseau.
104	Entre le nº 190 et le n° 191.	Sentier.	Passage à niveau; barrières-portes.
105	Entre le nº 192 et le nº 196.	Rue Pélissier non bâtie.	Passage à niveau; barrières-portes.
106	Entre le nº 196 et le n° 197.	Chemin de service.	Passage à niveau; barrières-portes.
107	Entre le nº 196 et le nº 198		Rectification et encaissement du chavanellet.
108	Entre le nº 197 et le nº 198.	Chemin de grande communication de Saint-Etienne à Serrières.	Pont, partie en fer.
109	Entre le nº 198 et le nº 199.	Chemin du Jardin-des-Plantes.	Pont, partie en fer.
110	Au nº 199.		Première gare de Saint-Etienne.
111	Au nº 200.		Tunnel nº 5.
112	Entre le nº 204 et le nº 205.		Puits nº 15.
113	Entre le nº 208 et le nº 209.		Puits nº 16.
114	Entre le nº 215 et le nº 216.	Chemin de St-Etienne à la Richerandière.	Ponceau, partie en fer.
115	»	Rue non bâtie.	Ponceau, partie en fer.
116	Entre le nº 216 et le n° 224.	Route impériale nº 88 de Lyon à Toulouse.	Pont, partie en fer.
117	»	Ancienne route de Saint-Etienne à Lyon.	Pont, partie en fer.
118	Au nº 224.		Deuxième gare de Saint-Etienne et gare de raccordement.

TERRASSEMENTS.

Les accidents du terrain et les grandes différences de niveau entraîneront à des terrassements considérables. Ces terrassements ont été calculés aussi rigoureusement que possible, et rapportés sur les plans à l'échelle de 1 millième.

Dans l'ensemble des travaux, nous nous sommes attachés à compenser entre eux, autant que les circonstances l'ont permis, les déblais et les remblais, afin de réduire le plus possible les dépôts de matériaux.

Déblais.

Le volume des déblais, pour la 1re section, sera approximativement de 108611 mètres cubes ;

Pour la 2°, de 4481 ;

Pour la 3°, de 145128 ;

Pour la 4°, de 392775 ;

Pour la 5°, de 47306 ;

Pour la 6°, de 50887.

Le total des déblais sera donc d'environ 749188 mètres cubes.

Remblais.

Le volume des remblais sera, pour la 1re section, approximativement de 52214 mètres cubes ;

Pour la 2°, de 23492 ;

Pour la 3°, de 144775 ;

Pour la 4°, de 0 ;

Pour la 5°, de 6631 ;

Pour la 6°, de 6088.

Le total des remblais sera donc d'environ 233200 mètres cubes.

Résumé.

La somme des remblais sera un peu moins élevée que le nombre qui a été donné plus haut; car il faut retrancher de ce nombre tous les remblais des parties où seront construits des ponts-viaducs et des ponceaux-viaducs. La somme des déblais sera aussi sensiblement diminuée, puisque certains ports secs, par exemple le dernier de la première section, et même certaines gares, telle que la première, n'ont pas besoin d'être de niveau dans toute leur étendue.

Quoi qu'il en soit, en comparant les chiffres des déblais et des remblais, on voit que celui des déblais est beaucoup plus grand; mais dans les nombres qui expriment les remblais, nous n'avons pas tenu compte des remblais qui seront nécessaires pour la rectification et l'encaissement des cours d'eau. Enfin, il résulte de nos appréciations, qu'en tenant compte de tous les travaux, les déblais et les remblais pourront se compenser en grande partie.

Dans le tableau suivant on trouvera les principaux éléments, ainsi que les résultats des calculs des déblais et des remblais par sections.

TABLEAU DES DÉBLAIS ET DES REMBLAIS.

NUMÉROS des profils en travers.	SECTIONS		MOYENNE DES SECTIONS		DISTANCES.	DÉBLAIS.	REMBLAIS.
	en déblais.	en remblais.	en déblais.	en remblais.			
						m. c.	m. c.
0	0 28	0 25	0 28 / 0 50 / 0 80 — 0 42 / 0 25		370 33	155 547	»
1	1 06	»		0 25 0 125	240 90 / 123 45 — 370 35	61 725	15 431
1	1 06	»	0 53	»	7 14	3 784	
1 bis	»	13 37		6 69	90 01 — 97 15		602 167
1 bis	»	13 37					
2	»	1 10	»	7 24	129 »	»	933 960
2	»	1 10	»	0 55	1 56		0 858
3	39 27	»	19 64		55 69 — 57 25	1093 752	»
3	39 27						
4	104 64	»	71 96	»		84 40	6073 424	»
4	104 64						
4 bis	106 45	»	105 55	»		36 40	3842 020	»
4 bis	106 45						
4 ter	53 12	»	79 79	»		59 »	4707 610	»
4 ter	53 12						
5	10 10	»	31 61	»		72 32	2286 035	»
5	10 10						
5 bis	28 49	»	19 30	»		68 70	1325 910	»
5 bis	28 49						
6	3 51	»	16 00	»		97 62	1561 920	»
6	3 51						
7	10 64	»	7 08	»		71 35	505 158	»
7	10 64						
7 bis	18 76	»	14 70	»		108 50	1594 950	»
7 bis	18 76						
8	19 12	»	18 94	»		48 70	922 378	»

PREMIÈRE SECTION.

NUMÉROS des profils en travers.	SECTIONS en déblais.	SECTIONS en remblais.	MOYENNE DES SECTIONS en déblais.	MOYENNE DES SECTIONS ou remblais.	DISTANCES.	DÉBLAIS.	REMBLAIS.
						m. c.	m. c.
8	19 12		20 93 ⎫ 49 97 ⎱ 49 03 ⎰ 0 06 0 12		144 50 ⎫ 69 30 ⎱ 76 44 ⎰ 144 50	2885 665	»
8 bis	20 93	0 13		0 065		41 616	4 884
8 bis	20 93	0 13	»	0 24 ⎫ 0 47 ⎱ 0 43 ⎰ 34 23 47 11	37 50 ⎫ 23 27 ⎱ 14 23 ⎰ 37 50		398 150
9	»	34 43	10 47			148 988	6 375
9	»	34 43	»	29 89	101 50	»	3033 835
10		25 35					
10	»	25 35	»	12 68	92 41 ⎫ 100 86 ⎰ 123 30		374 299
11	113 93	»	56 97	»		5745 994	
11	113 93						
entre 11 et 12	204 64	»	159 29	»	17 50	2787 488	»
entre 11 et 15, tunnel n° 1.							
entre 14 et 15	320 40						
15	9 50	»	164 95	»	42 65	7 035 118	»
15	9 50						
16	76 72	»	43 11	»	61 90	2 668 509	»
16	76 72						
17	163 01	»	119 87	»	30 50	3 656 035	»
17	163 01						
18	148 03	»	155 52	»	38 82	6 037 286	»
18	148 03						
20	96 25	»	122 14	»	80 55	9 838 377	»
20	96 25						
21	240 04	»	168 15	»	28 40	4 775 318	»
entre 21 et 24, tunnel n° 2.							
entre 23 et 24	186 95						
24	123 10	»	155 03	»	33 90	5 255 348	»
24	123 10						
25	21 20	»	72 15	»	45 95	3 315 293	»

NUMÉROS des profils en travers.	SECTIONS en déblais.	SECTIONS en remblais.	MOYENNE DES SECTIONS en déblais.	MOYENNE DES SECTIONS en remblais.	DISTANCES.	DÉBLAIS.	REMBLAIS.
25	21 20	"	6 25 / 5 45 / 40 03	5 70 / 8 03	50 90	474 659	
26	6 25	19 50		9 75	50 90		272 220
26	6 25	19 50	3 13		91 77 / 74 43	68 140	
27	"	87 69	"	21 98 40 64 / 66 44 / 49 30 48 96	95 90		4956 050
27	"	87 69					
28	"	112 84	"	100 27	45 50	"	4562 285
28	"	112 84					
29	"	131 83	"	122 34	65 20	"	7976 568

Les deux fossés, section totale 0.75, longueur, 1674. . . .   418 500   "
Gare n° 1.   2861 418   7595 556
Port sec n° 1. . . . .   3203 988   "
Port sec n° 2. . . . .   1140 931   9454 373
Port sec n° 3. . . . .   22118 964   12027 503

       108611 848   52214 524

Tunnel n° 1, section 42 71, longueur 105; volume 4484 550 ⎫
Fossés   —   0 25   —   105   —   26 250 ⎪
Tunnel n° 2, —   42 71   —   75   —   3203 250 ⎬ pour mémoire.
Fossés   —   0 25   —   75   —   18 750 ⎭

DEUXIÈME SECTION.

NUMÉROS	SECTIONS en déblais.	SECTIONS en remblais.	MOYENNE en déblais.	MOYENNE en remblais.	DISTANCES.	DÉBLAIS.	REMBLAIS.
29	"	131 83					
30		141 31	"	136 57	58 40	"	7975 688
30	"	141 31					
31		148 55	"	144 93	80 45	"	11659 619
31	"	148 55					
32		91 89	"	120 22	61 70	"	7417 574
32	"	91 89					
32 bis		162 77	"	127 33	100 00	"	12733 000
32 bis	"	162 77					
33		46 26	"	104 52	51 10	"	5340 972
33	"	46 26					
34		12 81	"	29 54	166 95	"	4931 703

NUMÉROS des profils eu travers.	SECTIONS en déblais.	SECTIONS en remblais.	MOYENNE DES SECTIONS en déblais.	MOYENNE DES SECTIONS en remblais.	DISTANCES.	DÉBLAIS.	REMBLAIS.
34 35	"	12 81 1 77	"	7 29	89 20	"	650 268
35 36	"	1 77 23 31	"	12 54	81 45	"	1021 383
36 36 bis	"	23 31 63 37	"	43 34	58 75	"	2546 225
36 bis 37	"	63 37 42 39	"	52 88	26 75	"	1414 540
37 38	"	42 39 18 14	"	30 27	87 90	"	2660 733
38 39	"	18 14 4 44	"	11 29	128 60	"	1451 894
39 40	" 9 77	4 44 "	4 805	2 22 "	35 43 / 77 28 " 112 40	377 513	77 966 "
40 41	9 77 16 59	"	13 18	"	64 40	848 793	"
41 43	16 59 7 09	"	11 84	"	237 "	2806 080	"
43 44	7 09 "	" 1 75	3 545 "	" 0 88	38 34 / 9 46 " 47 80	135 915 "	" 8 278
44 45	" "	1 75 10 63	"	6 19	64 60	"	399 874
45 46	" "	10 63 43 64	"	27 14	150 60	"	4087 284
46 47	" "	43 64 61 89	"	52 77	135 "	"	7123 950
47 48	" "	61 89 99 14	"	80 52	" 221 45	"	17863 362
48 49	" "	99 14 104 37	"	101 76	" 132 15	"	13447 584
49 50	" "	104 37 81 91	"	93 14	" 117 15	"	10911 351

NUMÉROS des profils en travers.	SECTIONS		MOYENNE DES SECTIONS		DISTANCES.		DÉBLAIS.	REMBLAIS.
	en déblais.	en remblais.	en déblais.	en remblais.				
50	"	81 91						
51	"	73 89	"	77 90	"	76 "	"	5920 400
51	"	73 89						
52	"	47 47	"	60 68	"	100 90	"	6122 612
52	"	47 47						
53	"	61 82	"	54 65	"	133 95	"	7320 368
53	"	61 82						
54	"	78 78	"	70 30	"	157 55	"	11075 765
54	"	78 78						
55	"	91 34	"	85 06	"	94 25	"	8016 905
55	"	91 34						
56	"	94 15	"	92 75	"	74 60	"	6919 150
56	"	94 15						
57	"	95 35	"	94 75	"	125 50	"	11891 125
57	"	95 35						
58	"	103 77	"	99 56	"	123 10	"	12255 836
58	"	103 77						
59	"	90 71	"	97 24	"	65 70	"	6388 668
59	"	90 71						
60	"	106 04	"	98 38	"	116 60	"	11471 108
60	"	106 04						
61	"	114 42	"	110 23	"	124 "	"	13668 520

Les deux fossés, section totale, 0.75 , longueur, 417 02. . . . 312 765 | "
Port sec n° 4. . . . . " | 4068 000
Gare n° 2. . . . . " | 4933 652
Port sec n° 5. " | 4847 200
Port sec n° 6. . . . . • . . . " | 3870 000

| | | | | | | | 4481 066 | 23492 557 |

TROISIÈME SECTION.

61	"	114 42						
62	"	116 18	"	115 30	"	65 "	"	7494 500
62	"	116 18						
63	"	76 12	"	96 15		84 40	"	8115 060

NUMÉROS des profils en travers.	SECTIONS		MOYENNE DES SECTIONS		DISTANCES.	DÉBLAIS.	REMBLAIS.
	en déblais.	en remblais.	en déblais.	en remblais.			
63 64	" "	76 12 81 43	"	78 78	63 50	"	5002 530
64 65	" "	81 43 50 66	"	66 05	92 "	"	6076 600
65 66	" "	50 66 69 38	"	60 02	116 80	"	7010 336
66 67	" "	69 38 118 01	"	93 70	25 "	"	2342 500
67 68	" "	118 01 119 93	"	118 97	72 20	"	8589 634
68 69	" "	119 93 99 24	"	109 59	104 "	"	11397 360
69 70	" "	99 24 88 87	"	94 06	165 40	"	15557 524
70 71	" "	88 87 89 63	"	89 25	88 80	"	7925 400
71 72	" "	89 63 79 15	"	84 39	99 40	"	8388 366
72 73	" "	79 15 45 58	"	62 37	217 "	"	13534 290
73 74	" "	45 58 59 35	"	52 47	182 20	"	9560 034
74 75	" "	59 35 39 70	"	49 53	24 80	"	1128 344
75 76	" "	39 70 37 88	"	38 79	54 10	"	2098 539
76 77	" "	37 88 47 09	"	42 49	79 65	"	3384 329
77 78	" "	47 09 22 60	"	34 85	128 40	"	4474 730
78 79	" "	22 60 19 80	"	21 20	97 "	"	2056 400

19

NUMÉROS des profils en travers.	SECTIONS		MOYENNE DES SECTIONS		DISTANCES.	DÉBLAIS.	REMBLAIS.
	en déblais.	en remblais.	en déblais.	en remblais.			
79 80	" "	19 80 19 20	"	19 50	104 30	"	2033 850
80 81	" "	19 20 22 47	"	20 84	98 "	"	2042 320
81 82	" 16 80	22 47 "	" 8 40	11 235	8 12 6 08 14 20	51 072	91 228 "
82 83	16 80 "	" 8 29	8 40 "	4 145	141 97 30 73 171 70	965 748 "	235 145
83 84	" 10 60	8 29 "	" 5 30	4 145	45 61 58 34 103 95	309 202	189 054 "
84 85	10 60 31 32	"	20 96	"	136 60	2863 136	"
85 86	31 32 41 20	"	36 26	"	59 80	2168 348	"
86 87	41 20 58 20	"	49 70	"	126 10	6267 170	"
87 88	58 20 64 81	"	61 51	"	134 70	8285 397	"
88 89	64 81 102 04	"	83 43	"	159 80	13332 114	"
89 90	102 04 160 90	"	131 47	"	157 60	20719 672	"
90 91	160 90 155 25	"	158 08	"	95 70	15128 256	"
91 92	155 25 204 20	"	179 73	"	127 70	22951 521	"
92 93	204 20 324 56	"	264 38	"	103 75	27429 425	"
93 94	324 56 343 05	"	333 81	"	43 90	14654 259	"

Les deux fossés , section totale, 0 75 , longueur, 1325 04   993 780   "

NUMÉROS des profils en travers.	SECTIONS		MOYENNE DES SECTIONS		DISTANCES.		DÉBLAIS.	REMBLAIS.
	en déblais.	en remblais.	en déblais.	en remblais.				
Gare n° 3						"		9709 200
Port sec n° 7						"		2429 700
Port sec n° 8						"		3908 250
Gare n° 4						9009 158		"
							145128 258	144775 224

QUATRIÈME SECTION.

NUMÉROS des profils en travers.	SECTIONS		MOYENNE DES SECTIONS		DISTANCES.		DÉBLAIS.	REMBLAIS.
94 95	343 05 546 25	"	444 65	"	"	119 "	52913 350	"
95 96	546 25 637 50	"	591 88	"	"	86 60	51256 808	"
entre 96 et 152. Tunnel n° 3.								
152 153	734 48 563 "	"	649 74	"	"	46 "	29888 040	"
153 155	563 " 294 43	"	428 72	"	"	170 50	73096 760	"
155 156	294 43 224 33	"	259 38	"	"	81 30	21087 594	"
156 157	224 33 183 13	"	203 73	"	"	97 20	19802 556	"
157 158	183 13 162 51	"	172 82	"	"	15 60	2695 992	"
158 159	162 51 159 08	"	160 80	"	"	63 "	10130 400	"
Les deux fossés, section totale, 0 75 , longueur, 678 80							509 100	"
							392775 575	"

```
Tunnel n° 3, section 42 71, longueur, 2766 21   118144 829  ⎫
Fossés          —      0 25      —      2766 21      691 553  ⎪
Puits n° 1      —      3 97      —        25 "        99 400  ⎬ pour mémoire.
  — n° 2        —      Id.       —        30 80      122 461  ⎪
  — n° 3        —      Id.       —        47 "       186 872  ⎪
  — n° 4        —      Id.       —        61 80      245 717  ⎭
```

NUMÉROS des profils en travers.	SECTIONS		MOYENNE DES SECTIONS		DISTANCES.	DÉBLAIS.	REMBLAIS.
	en déblais.	en remblais.	en déblais.	en remblais.			
Puits n· 5, section totale, 3 976, profondeur, 61 81						245 757	
— 6,	—		Id.	—		76 50	304 164	
— 7,	—		Id.	—		84 »	333 984	
— 8,	—		Id.	—		73 50	292 236	pour mémoire.
— 9,	—		Id.	—		69 50	276 332	
— 10,	—		Id.	—		63 »	250 488	
— 11,	—		Id.	—		49 »	194 824	
— 12,	—		Id.	—		34 50	137 172	

CINQUIÈME SECTION.

159 160	159 08 141 06	»	150 07	»	»	100 »	15007 000	»
160 162	141 06 83 30	»	112 18	»	»	100 »	11218 000	»
162 163	83 30 51 32	»	67 31	»	»	72 20	4859 782	»
163 164	51 32 77 31	»	64 32	»	»	100 »	6432 000	»
164 165	77 31 28 50	»	52 91	»	»	100 »	5291 000	»
165 166	28 50 »	» 4 59	14 25 »	» 2 30	94 74 15 98	110 »	1350 045	35 098
166 167	» »	4 59 22 18	»	13 39		35 10	»	469 989
167 168	» »	22 18 1 71	»	11 95		82 »	»	979 900
168 169	» »	1 71 1 01	»	1 36		70 »	»	95 200
169 170	» »	1 01 23 77	»	12 39		100 »	»	1239 000
170 172	» »	23 77 53 27	»	38 52		54 10	»	2083 932

NUMÉROS des profils en travers.	SECTIONS		MOYENNE DES SECTIONS		DISTANCES.		DÉBLAIS.	REMBLAIS.
	en déblais.	en remblais.	en déblais.	en remblais.				
172	„	53 27	„	26 64	9 99 / 31 81	41 80		266 134
175	169 73	„	84 87	„			2699 715	
Les deux fossés, section totale, 0 75, longueur, 598 75. . . .							449 063	„
Port sec, n° 9.							„	1462 500
							47306 605	6631 753

SIXIÈME SECTION.

entre 175 et 189, tunnel n° 4.

NUMÉROS des profils en travers.	SECTIONS		MOYENNE DES SECTIONS		DISTANCES.		DÉBLAIS.	REMBLAIS.
189	160 79							
190	27	„	93 90	„	„	70	6573 000	„
190	27	„	13 50	„	66 62 / 33 38	100	899 370	„
191	„	13 53	„	6 77				225 983
191	„	13 53	„	6 77	48 84 / 44 49	60	610 436	127 344
192	29 63	„	14 82	„				„
192	29 63	„	14 82	„	35 75 / 80 85	92 60	529 815	„
197	„	47 11	„	23 56				1339 386
197	„	47 11	„	23 56	44 85 / 48 43	90	1305 346	985 986
198	54 21	„	27 11	„				„
198	54 21	„	27 11	„	63 53 / 44 48	110	1777 060	„
199	„	36 76	„	18 38				816 991
199	„	36 76	„	18 38	47 80 / 82 20	100	6978 780	327 164
200	169 80	„	84 90	„				„

entre 200 et 215, tunnel n° 5.

NUMÉROS des profils en travers.	SECTIONS		MOYENNE DES SECTIONS		DISTANCES.		DÉBLAIS.	REMBLAIS.
215	161 53				„			„
216	99 42		130 48	„	„	70 50	9198 840	„
216	99 42				„			„
217	56 56		77 99	„	„	58	4523 420	„
217	56 56				„			„
218	44 93		50 75	„	„	33	1674 750	„
218	44 93				„			„
220	44 08		44 51	„	„	27 50	1224 025	„

NUMÉROS des profils en travers.	SECTIONS		MOYENNE DES SECTIONS		DISTANCES.	DÉBLAIS.	REMBLAIS.
	en déblais.	en remblais.	en déblais.	en remblais.			
220	44 08	"	22 04	"	48 03 / 6 85) 25 50	411 046	"
221	"	16 20	"	8 10			55 485
221	"	16 20	"	8 10	4 76 / 2 84) 7 "		38 556
222	7 60	"	3 80	"		8 512	"
222	7 60	"	0 74 / 1 25 / 6 85, 3 43		48 / 17 81 / 30 19) 48 "	48 000	"
224	1 25	11 63		5 82		61 088	175 706
224	1 25	11 63	1 23 0 63	1 47 0 68	11 36 / 10 64)	7 157	6 171
225	"	12 12		10 03 / 11 63 / 11 20	22 22 "		248 380

	DÉBLAIS.	REMBLAIS.
Les deux fossés, section totale, 0 75, longueur, 657 94. . . .	49 455	"
Gare n· 5.	8614 513	"
Gare n. 6.	6393 261	1741 046
	50887 874	6088 196

Tunnel n· 4, section 42 71 , longueur, 677 20	28923 212	
Fossés — 0 25 — 677 20	169 300	
Tunnel n. 5 — 42 71 — 713 60	30477 856	
Fossés — 0 25 — 713 60	178 400	
Puits n· 13 — 3 976 , profondeur, 40 "	159 040	pour mémoire.
— 14 — Id. — 44 50	176 932	
— 15 — Id. — 12 50	49 700	
— 16 — Id. — 10 50	41 748	

PRINCIPALES DIMENSIONS ADOPTÉES.

Les dimensions que nous avons adoptées pour les travaux sont celles qui nous ont paru être les plus convenables sous différents rapports; souvent elles sont moins restreintes que celles qui ont été prescrites pour le Grand-Central.

Voici le tableau des principales dimensions que nous avons cru devoir adopter :

En remblais ou en levée.

Largeur de l'entre-voie.	1ᵐ 80ᶜ	
Distance du milieu des rails	1 50	
Idem.	1 50	8ᵐ 30ᶜ
Largeur des accottements.	1 75	
Idem.	1 75	

En déblais et dans le rocher, ou en tranchée.

Largeur de l'entre-voie.	1ᵐ 80ᶜ	
Distance du milieu des rails.	1 50	
Idem.	1 50	
Largeur des accottements.	1 » »	8ᵐ 80ᶜ
Idem.	1 » »	
Largeur des fossés ou canaux d'écoulement.	1 » »	
Idem.	1 » »	

En tunnel.

Largeur de l'entrevoie.	1ᵐ 80ᶜ	
Distance du milieu des rails.	1 50	
Idem.	1 50	
Largeur des accottements et des fossés ou canaux latéraux d'écoulement.	1 35	7ᵉⁿ 50ᶜ
Idem.	1 35	

Sur les ponts et ponceaux.

Largeur entre les parapets des ponts. . .	8ᵐ » » ᶜ
Épaisseur des parapets :	
Pour les ponts.	» 60
Pour les ponceaux.	» 50

Tunnels.

Hauteur des tunnels sous clef à partir de la
surface du chemin. 5ᵐ 55ᶜ
Hauteur au-dessus de l'extrémité du rail exté-
rieur à l'intrados de la voûte. 4 60
Épaisseur des pieds droits. . . . . . . » 60 ⎫
Hauteur des pieds droits. . . . . . . 1 80 ⎬ Sauf les cas
Épaisseur du voussoir. . . . . » 60 ⎭ exceptionnels.

Talus.

Talus en remblais, 1 sur 1, ou 45° de pente. » » » ⎫ Sauf les cas
Talus en déblais, 2 sur 3, ou 60° de pente. » » » ⎭ exceptionnels.

Grands fossés.

Largeur au niveau de la voie. . . . . 1ᵐ » »ᶜ
Largeur à la base. . . . . » 50
Profondeur. . . . . » 50

Puits.

Diamètre intérieur des puits. 2ᵐ 25ᶜ
Hauteur des margelles. . . . . . . 2 » »

MATÉRIAUX.

Tous les matériaux seront pris sur les lieux, soit dans les carrières,
soit dans les rivières, soit à la Loire. Les matériaux en nature y
sont d'excellente qualité.

Les briques seront fabriquées sur place ; il en sera de même pour les chaux. Quant aux ciments qui devront être employés dans quelques cas, ils seront tirés de la Bourgogne.

EMBRANCHEMENTS.

Le nombre et le développement de tous les embranchements ne sont pas encore déterminés. Maintenant nous ne proposons que les embranchements nécessaires au service de l'exploitation des mines d'Unieux et Fraisse, ainsi qu'à celui des usines Claudinon. Au fur et à mesure que les besoins s'en feront sentir, on décidera les autres embranchements.

Il existe déjà deux embranchements, savoir : l'un pour le service des puits et de la galerie des Planches n° 1 ; l'autre pour le service des puits de Combe-Blanche.

Le nombre des nouveaux embranchements actuellement nécessaires est de six, dont cinq principalement pour le service de l'exploitation des mines d'Unieux et Fraisse, et un pour le service des usines Claudinon.

Le n° 1 sera pour le service des puits d'Unieux et de l'Hôpital ;

Le n° 2 pour le service du puits des Planches n° 2 ;

Le n° 3 pour le service des puits et galeries de Côte-Martin ;

Le n° 4 pour le service des puits de Montessut ;

Le n° 5 pour le service des puits et des fours à coke du Pont-de-Sauze ;

Le n° 6 pour le service des usines Claudinon.

En tout huit embranchements, y compris les deux qui sont déjà établis.

Tous ces embranchements sont tracés sur le plan d'ensemble à l'échelle de 1 dix-millième, et leurs arrivées respectives au chemin principal sont figurées en détail sur les plans à l'échelle de 1 millième. On y verra donc leurs positions, leurs développements et leur utilité.

20

Le développement de l'ensemble des six embranchements à établir est approximativement de 3,900 mètres (1).

Les nouveaux embranchements seront à deux voies, comme ceux qui existent déjà ; mais leurs dimensions seront moindres que celles qui ont été adoptées pour le chemin principal. Les dimensions, les pentes, les rampes, etc., varieront suivant les conditions locales.

Les embranchements arriveront tous à des gares ou ports secs avec voies d'évitement.

(1) N° 1   720 m.
    N° 2   200.
    N° 3   680.
    N° 4 1,900.
    N° 5   300.
    N° 6   100.

TROISIÈME PARTIE.

ÉVALUATION DES DÉPENSES ET TARIFS PROPOSÉS.

DEVIS.

Nous allons présenter le devis approximatif qui résulte de nos calculs, sans y comprendre toutefois les dépenses qu'entraîneront les embranchements projetés.

Le devis général des dépenses que nous avons établi se compose d'un grand nombre de devis particuliers, qui tous ont été dressés avec détails et par série de travaux ou d'objets de natures différentes. Or, ces devis particuliers étant trop étendus, et les détails ainsi que les sous-détails des dépenses pouvant varier dans l'exécution des travaux, nous avons cru devoir nous borner à présenter ici seulement les chiffres résumés des articles. Toutefois, comme il peut être utile de connaître dès à présent les parcelles de terrains et les constructions que le chemin de fer et ses dépendances doivent prendre, nous donnerons le tableau des surfaces prises avec leurs évaluations (1).

(1) Les évaluations des terrains, des constructions et surtout celles des dépréciations ont été forcées ; d'autre part, les surfaces prises ont été plutôt exagérées que restreintes, surtout pour les gares et les ports secs; par suite il en est de même pour les déblais et les remblais. Nous n'avons pas compté les terrains pour les rectifications de chemins et de cours d'eau, parce que les parties prises seront au moins compensées par les parties rendues.

ÉVALUATION DES TERRAINS

NUMÉROS du cadastre.	NOMS DES PROPRIÉTAIRES.	NATURE de culture.	ÉVALUATION de l'are.	DÉPRÉCIATION par are.
				PREMIÈRE
334	Penel (Antoine).	pré.	80 f. » c.	» f. c.
333	Id.	jardin.	80 »	»
331	Id.	t. verger.	80	»
	Chemin d'Unieux.	»	» »	»
412	Rey (Jean-Claude), de Fontelaure. . .	pré.	55 »	10 »
412	Escoffier, médecin.	pré.	60 »	15 »
413	Cros (Mathieu), du Pertuiset.	pré.	65 »	15 »
418	Garonnère (Jean) et Canel (indivis). .	pré.	60 »	10 »
483	Garonnère (Antoine).	terre.	38 »	5 »
483	Garonnère (Jean-Claude).	pré.	60 »	5 »
483	Garonnère (Jean-Claude).	terre.	40 »	»
	Chemin	»	»	»
469	Garonnère (Jean).	terre.	40 »	»
472	Penel (Antoine).	pré.	40 »	10 »
473	Les héritiers Alvergnat.	terre.	35 »	10 »
473	Id.	pré.	38 »	10 »
473	Dubouchet (Jacques).	pré.	40 »	»
456	Penel (Antoine).	pré.	50 »	10 »
	Chemin d'Unieux et Rivière d'Egoutay.	»	»	»
680 680 bis	Chapelon (Jacques) (les héritiers). . .	pré, verger.	35 »	6 »
681	Id.	pré.	60 »	20 »
683	Id.	pré.	60 »	20 »
682	Dubouchet (Jean-Baptiste).	pré.	60 »	20 »
696	Chapelon (Jacques) (les héritiers). . .	pré.	60 »	10 »
699	Dubouchet (Jean-Baptiste).	terre.	40 »	»
700	Girard (François), des Planches. . . .	pré.	60 »	10 »
713	Id, ...	pré.	60 »	10 »
	Chemin des Planches	»	»	»
502	Bernard (Jean), à Unieux.	tuilerie.	60 »	10 »
501	Id.	pré et argile.	40 »	10 »
502	Bernard (Jean), à Unieux).	pré et argile.	60 »	10 »
500	Perrin (Benoît).	pré.	70 »	10 »
500 bis	Comp. des mines d'Unieux et Fraisse.	pré.	70 »	10 »

ET DES CONSTRUCTIONS.

DIFFÉRENCE par are.	ÉVALUATION des bâtiments et autres constructions.	ÉTENDUE de terrain prise.	SOMME.	OBSERVATIONS.
SECTION.				
80 f. „ c.	f. c.	5214ᵐ „ ᶜ	4,171f.20 c.	
80 „	„	420 75	336 60	
80 „	„	920 50	736 40	
„	„	„	„	
65 „	„	1030 „	669 50	
75 „	„	535 „	401 25	
80 „	„	810 „	648 „	
70 „	„	330 „	231 „	
43 „	„	278 25	119 65	
65 „	„	119 „	77 35	
40 „	„	441 „	176 40	
„	„	„	„	
40 „	„	45 „	18 „	
50 „	„	1785 „	892 50	
45 „	„	652 50	293 63	
48 „	„	390 „	187 20	
40 „	„	962 50	385 „	
60 „	„	434 „	260 40	
„	„	„	„	
41 „	„	1350 „	553 50	
80 „	„	285 „	228 „	
80 „	„	247 „	197 60	
80 „	„	360 „	288 „	
70 „	„	1545 56	1,081 89	
40 „	„	266 50	106 60	
70 „	„	825 „	577 50	
70 „	„	2445 50	1,711 85	
„	„	„	„	
70 „	„			
50 „	„	768 „	536 20	Évaluation moyenne augmentée de 10 fr. par are, soit 73 fr. 33 c. par are, à cause des bâtiments.
70 „	„			
80 „	„	2040 „	1,632 „	
80 „	„	1679 „	1,343 20	

NUMÉROS du cadastre.	NOMS DES PROPRIÉTAIRES.	NATURE de culture.	ÉVALUATION de l'are.	DÉPRÉCIATION par are.
500 bis	Fraisse (Laurent), aux Planches. . .	pré.	70 "	10 "
500 bis	Id.	maisons.	" "	"
499	Héritiers Davier.	jardin.	80 "	"
492	Barlet (Laurent).	pré.	70 "	"
496	Id.	pré.	70 "	"
496	Fraisse (Laurent), aux Planches. . .	maison.	"	"
498	Suc (André).	bâtiment.	"	"
490	Id.	bâtiment.	"	"
491	Id.	jardin.	80 "	"
488	Chauvin.	bâtiment.	"	"
487 bis	Jean Barlet.	pré.	70 "	"
427	Garonnère (Jean).	pré.	70 "	"
429	Guichard (Jean-Jacques).	terre.	32 "	5 "
429 bis	Id.	champêtre.	30 "	5 "
429 bis	Id.	terre.	20 "	5 "
429 bis	Id.	terre.	15 "	3 "
429 bis	Perrin (Jean).	terre.	15 "	3 "
429 bis	Id.	pré.	25 "	5 "
411	Remondier (Jean).	jardin.	40 "	10 "
410	Id.	pré.	40 "	10 "
411	Id.	forge, cave.	"	"
410	Id.	terre.	20 "	5 "
407	Bachelard (Marcelin), à Firminy. . .	terre.	20 "	5 "
375	Les héritiers de Claude Peumartin. .	terre.	30 "	5 "
376	Id.	terre.	30 "	5 "
377	Id.	jardin.	40 "	"
379	Id.	pâture.	15 "	2 "
376	Id.	terre.	35 "	5 "
379	Brossard, passementier.	pâture.	15 "	2 "
369	Mᵐᵉ veuve Dubouchet.	pâture.	18 "	3 "
369	Chemin de fer incliné de la comp. des mines d'Unieux et Fraisse, tracé sur la pâture de Mᵐᵉ Dubouchet. . . .		"	"
369	Mᵐᵉ veuve Dubouchet.	jardin, pré.	30 "	5 "
369	Id.	jardin.	30 "	5 "
369	Id.	bois.	20 "	3 "
366	Id.	pré.	55 "	15 "
684, 685	Les héritiers de Michel Rocheton. .	pré.	45 "	15 "

DIFFÉRENCE par are.	ÉVALUATION des bâtiments et autres constructions.	ÉTENDUE de terrain prise.	SOMME.	OBSERVATIONS.
80 „	„	1087 50	870 „	
„	„	20 „	„	Voir l'observation (1).
80 „	„	56 25	45 „	
70 „	„	560 „	392 „	
70 „	„	150 „	105 „	
„	„	77 „	„	Idem.
„	„	100 „ (1)	80	(1) Étendue de terrain prise pour les rem-
„	300 „	„	300 „	blais en remplacement de la surface des
„	„	90 „	72 „	deux maisons nos 500 bis et 496. Un mur
„	500 „	„	500 „	de soutènement sera élevé devant les mai-
70 „	„	165 „	115 50	sons pour retenir les remblais, de manière à
70 „	„	300 „	210 „	ne pas toucher à ces maisons.
37 „	„	2047 50	757 58	
35 „	„	250 „	87 50	
25 „	„	„	„	
18 „	„	„	„	
18 „	„	„	„	
30 „	„	380 „	114 „	
50 „	„	„	100 „	Pour refaire un puits à eau, 100 fr.
50 „	„	810 „	405 „	
„	300	„	„	
25 „	„	419 „	104 75	
25 „	„	1787 50	446 88	
35 „	„	2565 „	897 75	
35 „	„	360 „	126 „	
40 „	„	„	„	
17 „	„	200 „	34 „	
40 „	„	„	„	
17 „	„	860 „	146 20	
21 „	„			
„	„	2941 „	838 19	Évaluation moyenne, 28 fr. 50 c. par are.
35 „	„			
35 „	„			
23 „	„			
70 „	„	6227 „	4,358 90	
60 „	„	„	„	
			28,966 67	

NUMÉROS du cadastre.	NOMS DES PROPRIÉTAIRES.	NATURE de culture.	ÉVALUATION de l'are.	DÉPRÉCIATION par are.
				DEUXIÈME
687	Les héritiers de Michel Rocheton. . .	pré.	45 „	15 „
687	Id.	terre.	45 „	15 „
687	Id.	terre	45 „	15 „
687	Id.	terre	45 „	20 „
	Chaleyer, à Firminy	clos vigne.	80 „	„
688, 689	Valeur du mur à faire pour clore la grande partie de la propriété. Par are, il en coûtera.	„	„	140 „
	Dépréciation de division.	„	„	40 „
705	La comp. des mines de Firminy. . . .	pré.	50 „	10 „
691	Id.	pré.	50 „	10 „
705	Id.	pré.	60 „	15 „
705	Id.	pré.	70 „	15 „
711	Chaleyer.	pré.	80 „	15 „
	Le chemin d'Ecot.	„	„	„
725		allée.		
725	Chaleyer, à Firminy.	jardin, clôt.	120 „	280 „
724		pré.		60 „
724		pré.		
724, 725	Chaleyer, à Firminy.	bâtiment.	„	„
829	Petite ruelle.	„	„	„
829	Les héritiers de Pierre Rey.	bâtiment.	„	„
829	Id.	bâtiment.	„	„
829	Robin (Jean).	jardin.	70 „	20 „
829	Jean Thomas, à La Chaux.	jardin.	70 „	„
829	Limousin (André), à Firminy.	pré.	70 „	120 „
826, 827	Merlaton (Jean), à La Chaux.	pré.	60 „	10 „
825, 826	Merlaton (Gabriel).	pré.	60 „	10 „
825	Id.	pré.	60 „	10 „
821	Chemin de service.	„	„	„
821	Mme Gérentet.	pré.	70 „	15 „
497	Les héritiers d'Antoine Pichon. . . .	pré.	70 „	15 „
493	Colard Zacharie.	terre.	65 „	15 „
493	Id.	terre,	70 „	15 „
490	Les héritiers Thamet.	pré.	70 „	15 „
490	Id.	pré.	50 „	10 „

DIFFÉRENCE par are.	ÉVALUATION des bâtiments et autres constructions.	ÉTENDUE de terrain prise.	SOMME.	OBSERVATIONS.

SECTION.

60 »	»	2203 50	1,322 10	
60 »	»			
60 »	»	2016 »	1,243 20	Évaluation moyenne, 61 fr. 67 c.
65 »	»			
260 »	»	379 50	986 70	
60 »	»			
60 »	»	7186 50	5,030 55	Évaluation moyenne, 70 fr
75 »	»			
85 »	»			
95 »	»	2887 50	2,743 13	
» »	»	»	»	
460 »	»	1060 75	4,879 45	La somme de 280 fr. concerne la dépense des murs de clôture à faire par are. Celle de 60 fr. est celle de dépréciation par are pour cause de division.
»	10,000 »	»	»	Valeur totale de ce bâtiment.
»	»	»	»	
»	1200 »	»	1,200 »	Valeur totale.
»	180 »	»	180 »	Idem.
90 »	»			
70 »	»	800 »	933 33	Évaluation moyenne, 116 fr. 67 c.
190 »	»			Les 120 fr. portent sur la perte du mur.
70 »	»	187 50	131 25	
70 »	»	1640 »	1,148 »	
70 »	»	1296 »	907 20	
» »	»	»	»	
85 »	»	1568 »	1,332 80	
85 »	»	540 »	459 »	
80 »	»	1020 »	841 50	Évaluation moyenne, 82 fr. 50 c.
85 »	»			
85 »	»	732 »	530 70	Évaluation moyenne, 72 fr. 50 c.
60 »	»			

NUMÉROS du cadastre.	NOMS DES PROPRIÉTAIRES.	NATURE de culture.	ÉVALUATION de l'are.	DÉPRÉCIATION par are.
489	Inconnu.	"	50 "	10 "
480	Roux (Blaise).	terre.	50 "	10 "
481	Chometon, notaire à Monistrol. . . .	terre.	55 "	10 "
	Le chemin du Mas à St-Victor. . . .	"	"	"
348	Roux (Blaise).	pré.	80 "	20 "
333	Veuve Dubouchet, au Mas.	jardin.	90 "	10 "
332	Veuve Vassal. . . . . ' . .	jardin.	90 "	10 "
332	Vassal (Antoine) jeune.	jardin.	90 "	10 "
329	Chapelon (Jean-Marie), au Mas. . . .	pré clos.	90 "	10 "
328	Perrin (Jacques), au Mas.	jardin.	90 "	20 "
	Ancienne route de Firminy à St-Etienne.	"	"	"
710, 711	Perrin (Jacques), au Mas.	pré.	80 "	20 "
708	Charroin (Simon).	pré.	80 "	"
707	Lardon (Nicolas), au Mas.	pré.	70 "	20 "
705	Roux (Blaise).	pré.	70 "	20 "
701	Id. . . . . '	terre.	65 "	20 "
	Rivière des Chapres.	"	"	"
	Sentier des Trois-Ponts.	"	"	"
72	Cros (Laurent).	clos.	80 "	100 "
71	Cornillon (Jean).	clos.	80 "	100 "
76	Mâlon, aux Trois-Ponts.	pré.	70 "	"
70, 78	Valla (Antoine), à la Malafolie.	"	70 "	"
81, 79	Merlaton (Jean).	pré.	70 "	"
69	Id.	pré.	70 "	"
68	La Comp. des mines de Firminy. . .	pré. petit bureau.	70 " 100 "	" "
68	Id.	aisances du grand puits.	70 "	"
68	Vindermendel.	pré.	70 "	10 "
82	Inconnu.	pré.	70 "	"
66	Claude Thomas.	pré.	75 "	15
	Chemin de Chaponot.	"	"	"
148, 147	Dubouchet (Marcelin).	pré.	70 "	20 "
149	Id.	terre.	60 . "	30 "
	Ruisseau de Malval.	"	"	"
150	Mme Meyrieux. . . . . ' . .	terre.	60 "	100 "
150 bis	Id.	pré.	80 "	100 "
240	Marie Thomas, sœur à Lyon.	pré.	70 "	"

DIFFÉRENCE par are.	ÉVALUATION des bâtiments et autres constructions.	ÉTENDUE de terrain prise.	SOMME.	OBSERVATIONS.
60 "	"	240 "	144 "	
60 ,,	,,	432 "	259 20	
65 "	,,	1572 "	1,021 80	
"	"	"	"	
100 ,,	"	286 "	286 "	
110 "	"	147 "	161 70	
100 "	"	99 "	99 "	
100 "				
100 "	"	269 50	269 50	
110 "	"	154 "	169 40	
"	"	"	"	
100 "	"	1578 "	1,578 "	
80 ,,	"	259 ,,	207 20	
90 "	"	688 ,,	619 20	
90 "	"	1054 50	949 05	
85 "	"	1107 "	940 95	
"	"	"	"	
"	"	"	"	
180 "	"	220 "	396 "	Les 100 fr. sont pour le mur par chaque are.
180 "	,,	136 "	244 80	Idem.
70 ,,	,,	1413 "	989 10	
70 ,,	,,	1455 "	1,018 50	
70 "	"	1212 ,,	848 40	
70 "	,,	86 25	60 38	
70 ,,	,,	1443 50	1,010 45	
100 ,,	100 "	"	100 "	Valeur totale.
70 "	70 "	"	"	
80 ,,	"	1608 "	1,286 40	
70 ,,	"	504 "	352 80	
90 ,,	"	2736 "	2,462 40	
"	"	"	"	
90 ,,	"	1368 "	1,231 20	
90 "	"	3487 "	3,138 30	
"	"	"	"	
160 "				
180 "	"	2182 "	3,709 40	Évaluation moyenne, 170 fr.
70 "	"	1552 "	1,086 40	

NUMÉROS du cadastre.	NOMS DES PROPRIÉTAIRES.	NATURE de culture.	ÉVALUATION de l'arc.	DÉPRÉCIATION par arc.
240	Charbonnier-Thomas (Justin), à Lyon.	pré.	70 "	"
	Chemin de la Bargette.	"	"	"
241	Eustache Thomas.	pré.	90 "	100 "
	Autre chemin de la Bargette. . . .	"	"	"
342, 342 bis	Mathieu Thomas.	pré.	90 "	100 "
342, 342 bis	Pierre Thomas.	pré.	90 "	100 "
341, 341 bis	Le bureau de bienfaisance.	terre.	100 "	100 "
340, 340 bis	Claudinon, maître de forges.	pré.	100 "	100 "
	Chemin de service de la Fonderie-Neuve.	"	"	"
339, 339 bis	Claudinon, maître de forges.	pré.	100 "	100 "
338	Dubouchet (Marcelin).	pré.	100 "	100 "
337	Claudinon, maître de forges.	terrain.	50 "	50 "

TROISIÈME

336	Ancien chemin du Chambon.	"	"	"
337 bis	Claudinon, maître de forges.	pré.	80 "	30 "
335	Bréchignac, à Saint-Étienne.	pré.	80 "	30 "
333, 334	Chirat, plâtrier au Chambon.	pré.	80 "	30 "
	Ancien chemin du Chambon.	"	"	"
465	Heurtier (Antoine).	bâtiment.	"	" "
465	Id.	jardin.	100 "	30 "
466	Veuve Couchoud.	bâtiment.	"	" "
469	Dubouchet (Marcelin).	bâtiment.	"	" "
467	Veuve Couchoud.	jardin.	80 "	20 "
468	Dubouchet (Marcelin).	jardin.	80 "	20 "
461	Roche Lacombe.	pré.	100 "	30 "
473	Claudinon (Jacques) et comp.	pré.	100 "	30 "
490	Despréaux (Jacques).	pré.	100 "	30 "
490	Just (Catherine).	pré.	100 "	30 "
491	Pal jeune, à Saint-Étienne.	pré.	100 "	30 "
	Chemin vicinal du Chambon à Goyard ou du Moulin	"	"	" "
531	Canel (Alexandre).	pré.	100 "	40 "
	Chemin du Chambon à la rivière. . .	"	"	" "
532	Padel (Claude), au Chambon.	bâtiment.	"	" "

DIFFÉRENCE par are.	ÉVALUATION des bâtiments et autres constructions.	ÉTENDUE de terrain prise.	SOMME.	OBSERVATIONS.
70 »	«	1278 «	894 60	
» »	»	» »	"	
190 »	«	1428 »	2,713 20	
» »	«	» »	"	
190 «	»	3060 »	5,814 »	
190 »	»	2444 »	4,643 60	
200 »	»	1104 »	2,208 »	
200 »	«	1320 »	2,640 »	
» »	»	» »	"	
200 »	«	870 »	1,740 «	
200 »	»	10197 »	20,394 »	
100 »	»	»	"	
			89,555 84	

S ECTION.

» »	»	» »	"	
110 »	»	182 »	200 20	
110 »	»	1421 »	1,563 10	
110 »	«	1750 »	1,925 »	
» »	»	» »	"	
» »	2000 »	98 »	2,000 »	
130 »	»	119 »	154 70	
»	1500 »	72 »	1,500 »	
»	1800 »	66 »	1.800 »	
100 »	»	48 »	48 »	
100 »	»	67 50	67 50	
130 »	»	1057 50	1,374 75	
130 »	»	945 »	1,228 50	
130 »	»	357 »	464 10	
130 »	»	315 »	409 50	
130 »	»	500 »	650 »	
» »	»	» »	"	
140 »	»	2275 50	3,185 70	
» »	»	» »	"	
»	2000 »	108 »	2,000 »	

NUMÉROS du cadastre.	NOMS DES PROPRIÉTAIRES.	NATURE de culture.	ÉVALUATION de l'are.	DÉPRÉCIATION par are.
533	Padel (Claude), du Chambon.	bâtiment.	"	"
534	Id.	bâtiment.	"	"
535	Id.	jardin.	120 "	"
	Vacherie Rivière.	"	"	"
548	Cossange de Roche-la-Molière. . . .	pré.	90	30 "
549	Les héritiers de Chomier (Pierre). . .	pré.	100 "	30 "
554	Veuve Rhulière.	pré.	90 "	30 "
554	Id.	jardin.	120 "	40 "
573	Veuve Meyrieux, à Saint-Étienne. . .	pré.	100 "	30 "
600	Mirandon (Jean).	pré.	100 "	30 "
601	Id.	pré.	100 "	20 "
607	Veuve Faure.	pré.	100 "	20 "
610	Veuve Baralon.	jardin potag.	120 "	20 "
611	Id.	pré.	100 "	"
612	Id.	jardin.	120 "	"
613, 614	Id.	bât. usine.	"	"
615	Id.	pré.	100 "	20 "
616	Souhait (Jean) aîné.	pré.	90 "	20 "
	Chemin de la Rivière.	"	"	"
129	Les héritiers de Claude Souhait. . .	pré.	75 "	10 "
129	Souhait (Jean) jeune.	pré.	75 "	10 "
135	Mirandon.	pré.	70 "	10 "
135	Id.	pré.	70 "	10 "
136	Veuve Baralon.	pré.	70 "	15 "
137	Id.	pré.	70 "	"
143	Bouvier. fabricant au Sablat.	pré.	70 "	20 "
	Id.	"	"	"
	Chemin de service du Sablat.	"	"	"
160	Chapelon, de Trablène	pré.	70 "	15 "
160, 161	Brossard Marcelin.	pré.	70 "	15 "
	Le chemin de Trablène.	"	"	"
187	Veuve Baralon.	pré.	70 "	20 "
	Rivière de Cotatey.	"	"	"
188	Nicolas (Alexandre).	pré.	70 "	20 "
	Chemin de service.	"	"	"
200	Roland-Pal, à Lyon.	terre.	60 "	10 "
	Sentier de service.	"	"	"
200	Roland-Pal, à Lyon.	terre.	60 "	10 "
206	Id.	pré.	70 "	10 "
205	Frère Jean.	pré.	70 "	10 "

DIFFÉRENCE par are.	ÉVALUATION des bâtiments et autres constructions.	ÉTENDUE de terrain prise.	SOMME.	OBSERVATIONS.
"	1000 "	94 50	1,000 "	
"	2000 "	47 50	2,000 "	
120 "	"	217 50	261 "	
"	"	"	"	
120 "	"	1275 "	1,530 "	
130 "	"	312 "	405 60	
120 "	"	"	"	
160 "	"	252 "	403 20	
130 "	"	4290 "	5,577 "	
130 "	"	1470 "	1,911 "	
120 "	"	875 "	1,050 "	
120 "	"	1400 "	1,680 "	
140 "	"	528 "	739 20	
"	"	"	"	
"	"	"	"	
"	6000 "	"	"	
120 "	"	1326 "	1,591 20	
110 "	"	1625 "	1,787 50	
"	"	"	"	
85 "	"	2001 "	1,700 85	
85 "	"	798 "	678 30	
80 "	"	2242 50	1,794 "	
80 "	"	"	"	
85 "	"	2908 "	2,253 70	Évaluation moyenne, 77 fr. 50 c.
70 "	"			
90 "	"	2294 "	2,064 60	
"	"	"	60 "	Les 60 fr. sont pour changement d'un lavoir.
"	"	"	"	
85 "	"	2706 "	2,300 10	
85 "	"	1437 50	1,221 88	
"	"	"	"	
90 "	"	2755 "	2,479 50	
"	"	"	"	
90 "	"	845 "	760 50	
"	"	"	"	
70 "	"	2414 "	1,689 80	
"	"	"	"	
70 "	"	1548 "	1,083 60	
80 "	"	70 "	56 "	
80 "	"	840 "	"	

NUMÉROS du cadastre.	NOMS DES PROPRIÉTAIRES.	NATURE de culture.	ÉVALUATION de l'are.	DÉPRÉCIATION par are.
205	Frère Jean.	jardin.	70 "	"
205	Id.	pré enlevé en partie par les eaux	30 "	87 65
	Chemin de Montrambert à la Sauvagnère, derrière les bâtiments. . . .	"	"	"
363	Frère Jean.	pré.	60 "	15 "
363	Id.	pré.	50 "	10 "
364	Id.	terre.	50 "	10 "
365, 366	Bénevent (Félix).	pré.	55 "	10 "
	Chemin de la Posière à Montrambert.	"	"	"
363	Frère Jean.	pré et terre.	60 "	10 "
364	Bénevent (Félix).	pré.	55 "	10 "
364 bis	Id.	pré.	55 "	10 "
	Chemin de Montrambert.	"	"	"
366	Bénevent (Félix)	terre.	55 "	10 "
366	Id.	gravier.	20 "	"
365	Id.	terre.	60 "	15 "
365	Id.	pré.	70 "	15 "
	Chemin de service.	"	"	"
380 bis	Basson (Jean).	pré.	80 "	5 "
383 bis	Id.	terre.	50 "	5 "
383 ter	Id.	pré.	70 "	"
383 quat.	Id.	pré.	70 "	"
383	Id.	pré.	75 "	5 "
380	Id.	terre.	60 "	10 "
381 bis	Id.	terre.	70 "	"
384 bis	Id.	pré.	80 "	10 "
381	Delobre (Antoine) fils.	terre.	70 "	10 "
382	Id.	pré.	80 "	10 "
382 bis	Id.	gravier et pré	60 "	"
433	Murre (Jean-Pierre).	terre.	70 "	15 "
431	Les héritiers Lavialle.	pré.	90 "	"
433	Brignay (Pierre).	terre.	80 "	10 "
433	Id.	terre.	80 "	10 "
432	Id.	pré.	80 "	10 "
433	Landrin, verrier.	pré.	80 "	10 "

DIFFÉRENCE par are.	ÉVALUATION des bâtiments et autres constructions.	ÉTENDUE de terrain prise.	SOMME.	OBSERVATIONS.
70	„	„	„	
117 65	„	„	„	On construit un mur sur le bord du chemin de Montrambert ; il est évalué dans l'état présent à 351 fr., soit 87 fr. 65 par are.
„	„	„	„	
75 „	„	969 „	726 75	
60 „	„	„	„	
60 „	„	„	„	
65 „	„	„	„	
„	117 65	„	„	Mur en construction sur le chemin.
70 „	„	2420 „	1,694 „	En 13 parcelles.
65 „	„	1456 „	946 40	
65 „	„	„	„	
„	„	„	„	
65 „	„	2929 „	1,903 85	
„	„	„	„	
75 „	„	3950 „	2,962 50	En trois parcelles.
85 „	„	1500 „	1,275 „	
„	„	„	„	
85 „	„	„	„	
55 „	„	1543 50	848 93	
70 „	„	„	„	
70 „	„	„	„	
80 „	„	468 „	374 40	
70 „	„	„	„	
70 „	„	„	„	
90 „	„	1134 „	1,020 60	
80 „	„	„	„	
90 „	„	737 50	663 75	
60 „	„	„	„	
85 „	„	506 „	430 10	
90 „	„	3522 „	3,169 80	
90 „	„	140 „	126 „	
90 „	„	„	„	
90 „	„	3301 25	2,971 „	
90 „	„	„	„	
			74,762 66	

22

NUMÉROS du cadastre.	NOMS DES PROPRIÉTAIRES.	NATURE de culture.	ÉVALUATION de l'are.	DÉPRÉCIATION par are.
			QUATRIÈME	
436	Landrin, verrier..	pré.	80 "	10 "
437	Alexandre (Nicolas).	pré.	90 "	5 "
438	Les hospices de St-Etienne.	pré.	90 "	"
439	Id.	pré.	90 "	10 "
440	Id.	pré.	90 "	"
440 bis	Murre (Jean-Pierre).	pré.	120 "	"
	Ondenon, rivière.	"	" "	" "
216	Brally (Jean-Claude).	pré clos.	120 "	15 "
217	Alexandre Claude.	pré clos.	120 "	15 "
250	Murre (Jean-Pierre).	pré clos.	120 "	20 "
249	Salomon.	pré.	110 "	15 "
248	Courbon des Roses.	pré.	110 "	20 "
247	Chomier (Claude).	jardin.	120	30
	Chemin de la Ricamarie au Montcel. .		" "	" "
303	Les hospices de St-Etienne.	terre.	80 "	20 "
303	Id.	terre.	80	20
302	Tardy (Jacques).	maisons.	"	" "
305	Neyret (André).	clôture.	140 "	" "
378	Id.	terre.	80 "	10 "
379	Id.	terre.	80 "	10 "
378	Id.	terre.	80 "	10
380	Frère Jean, à Lyon.	terre.	90 "	" "
378	Id.	terre.	80 "	10 "
378	Id.	pré.	100 "	10 "
441	Id.	terre.	70 "	10 "
445	Id.	pré.	80 "	8 "
446	Id.	terre.	70 "	5 "
446	Id.	pré.	80 "	10 "
446	Id.	pré.	80 "	10 "
446	Id.	pré.	80	10
	Chemin de la Vionne.		" "	"
637	Frère Jean, à Lyon.	pré.	90 "	10
	Chemin de la Béraudière à Valbenoite.		" "	" "
107	Royet.	pré.	90 "	15 "
107	De Charpin.	pré.	100 "	15 "
105	Les héritiers Brunon.	pré.	110 "	15 "

DIFFÉRENCE par are.	ÉVALUATION des bâtiments et autres constructions.	ÉTENDUE de terrain prise.	SOMME.	OBSERVATIONS.

SECTION.

90 "	"	5760 "	5,184 "	
95 "	"	"	"	
90 "	"	"	"	
100 "	"	1800 "	1,800 "	
90 "	"	3734 50	3,361 05	
120 "	"	"	"	
"	"	"	"	
135 "	"	"	"	
135 "	"	"	"	
140 "	"	"	"	
125 "	"	"	"	
130 "	"	"	"	
150 "	"	"	"	
"	"	"	"	
100 "	"	"	"	
100 "	"	"	"	
"	3,000 "	"	"	
140 "	200 "	"	"	Pour indemnité de mur.
90 "	"	"	"	2 parcelles.
90 "	"	"	"	
90 "	"	"	"	
90 "	"	"	"	
90 "	"	"	"	
110 "	"	"	"	
80 "	"	"	"	
88 "	"	"	"	
75 "	"	"	"	
90 "	"	"	"	
90 "	"	"	"	
90 "	"	"	"	
"	"	"	"	
100 "	"	"	"	
"	"	"	"	
105 "	"	"	"	
115 "	"	"	"	
125 "	"	"	"	

NUMÉROS du cadastre.	NOMS DES PROPRIÉTAIRES	NATURE de culture.	ÉVALUATION de l'are.	DÉPRÉCIATION par are.
104	Charpin	pré.	110 "	20 "
104	Id.	pré.	110 "	20 "
103	L'abbé Peyre.	pré.	115 "	10 "
	Chemin de service de Saulore à la route impériale n° 88.	"	"	"
60	Masclet, lieutenant-colonel d'artillerie.	pré.	120 "	30 "
59	L'abbé Peyre.	pré.	120 "	30 "
59	Charpin	pré.	120 "	30 "
63	Masclet, lieutenant-colonel d'artillerie.	pré.	120 "	30 "
66	Id.	pré.	120 "	30 "
66	Id.	pré.	120 "	30 "
64	Id.	pré.	120 "	30 "
65	Les héritiers Brunon.	pré.	120 "	30 "
64	Masclet, lieutenant-colonel d'artillerie.	pré.	120 "	30 "
70	Brossard.	pré.	120 "	30 "
71	Forest	pré.	130 "	30 "
40	Les hospices de St-Etiennne.	pré.	130 "	30 "
78	Forest	pré.	250 "	"
	Route impériale n° 82 du Rhône à Roanne.	"	"	"

CINQUIÈME

39	Berger (Etienne).	dépôt.	250 "	"
38	Forest, propriétaire, et Perrin, usufruitier.	jardin clos.	250 "	30 "
230, 230 bis	Forest	terre.	90 "	20 "
231	Id	terre.	90 "	20 "
	Chemin de la rivière à la Grange de l'Œuvre.	"	"	"
227	Tardy (Jean-Benoît).	pré.	100 "	30 "
148	Forest.	terre.	90 "	20 "
	Chemin de Valbenoite à la rivière. . .	"	"	"
149		terre.		
152	De Rochetaillé (Camille).	terre.	100 "	30 "
210		terre.		
150		terre.		

DIFFÉRENCE par are.	ÉVALUATION des bâtiments et autres constructions.	ÉTENDUE de terrain prise.	SOMME.	OBSERVATIONS.
130 ,,	,,	,,	,,	
130 ,,	,,	,,	,,	
125 ,,	,,	,,	,,	
,,	,,	,,	,,	
150 ,,	,,	,,	,,	
150 ,,	,,	,,	,,	
150 ,,	,,	,,	,,	
150 ,,	,,	,,	,,	
150 ,,	,,	,,	,,	
150 ,,	,,	,,	,,	
150 ,,	,,	2591 ,,	3,886 50	
150 ,,	,,	238 ,,	357 ,,	
150 ,,	,,	,,	,,	
150 ,,	,,	2182 50	3,273 75	
160 ,,	,,	2821 ,,	4,513 60	
160 ,,	,,	7330 ,,	11,728 ,,	
250 ,,	,,	,,	,,	
,,	,,	,,	,,	
			34,103 90	

SECTION.

250 ,,	,,	385 ,,	962 50	
280 ,,	,,	437 50	1,225 ,,	
110 ,,	,,	2853 50	3,138 85	
110 ,,	,,	442 ,,	486 20	
,, ,,	,,	,, ,,	,,	
130 ,,	,,	840 ,,	1,092 ,,	
110 ,,	,,	850 ,,	935 ,,	
,, ,,	,,	,,	,,	
130 ,,	,,	2082 50	2,707 25	

NUMÉROS du cadastre.	NOMS DES PROPRIÉTAIRES.	NATURE de culture.	ÉVALUATION de l'are.	DÉPRÉCIATION par are.
156	De Rochetaillé (Camille)	terre.	180 "	20 "
151		terre.		
156		terre.		
158	Martin.	usine de fer.	"	"
	Chemin de Valbenoite à Rochetaillé.		"	"
70	Veuve Reymond.	pré.	200 "	60 "
69	Id.	terre.	200 "	100 "
	Chemin de service.		"	"
69	Millian, teinturier.	jardin clos.	250 "	50 "
	Chemin de Champagne.		"	"
69	Chabannes.	pré.	300 "	50 "
68	Les frères Mariste.	pré.	300 "	50 "
	Prise d'eau au Furens.		"	"
104	Les frères Mariste	pré.	250 "	50 "
66	Id.	jardin.	300 "	100 "
64, 67	La commune de Valbenoite.	promenade.	260 "	100 "

SIXIÈME

	Le Furens.		"	"
	Talus du chemin.		"	"
	Chemin ou sentier.		"	"
	Les frères Mariste.	bois.	60 "	20 "
	Chemin de la Chapelle		"	"
113	Les sœurs Saint-Joseph.	pré.	120 "	20 "
114	Id.	terre.	100 "	20 "
114	Id.	pré.	100 "	10 "
	Chemin de grande communication n° 19 de Saint-Étienne à Serrières.		"	"
113	Les sœurs Saint-Joseph.	clos.	150 "	30 "
114	Id.	clos.	150 "	30 "
112	La commune de Valbenoite.	an. cimetière	120 "	10 "
	Chemin de Valbenoite à Terre-Noire.			"
106	Chabannes (François).	pré.	100 "	20 "
107	Id.	terre.	80 "	20 "
105	Dame Cannonier.	terre.	80 "	20 "

DIFFÉRENCE par are.	EVALUATION des bâtiments et autres constructions.	ÉTENDUE de terrain prise.	SOMME.	OBSERVATIONS.
200 „	„	3027 50	6,055 „	
„	60,000 „	„	„	
„	„	„	„	
260 „	„	„	„	
300 „	„	962 50	2,887 50	
„	„	„	„	
300 „	250 „	400 „	1,200 „ 250 „	Valeur du portail.
„	„	„	„	
350 „	„	3122 88	24,982 97	
350 ᴇ	„	960 „	3,360 „	
„	„	„	„	
300 „	„	„	„	
400 „	„	848 „	3,392 „	
360 „	„	470 „	1,692 „	
			54,366 27	

SECTION.

DIFFÉRENCE par are.	EVALUATION des bâtiments et autres constructions.	ÉTENDUE de terrain prise.	SOMME.	OBSERVATIONS.
„	„	„	„	
„	„	76 50	„	
„	„	„	„	
80 „	„	240 „	192	
„	„	„	„	
140 „	„	„	„	
120 „	„	„	„	Moyenne, 123 fr. l'are.
110 „	„	„	„	
„	„	„	„	
180 „	105 „	„	„	Valeur de la portion de mur enlevée.
180 „	„	„	„	
130 „	„	„	„	
„	„	„	„	
120 „	„	„	„	
100 „	„	„	„	
100 „	„	„	„	

NUMÉROS du cadastre.	NOMS DES PROPRIÉTAIRES.	NATURE de culture.	ÉVALUATION de l'are.	DÉPRÉCIATION par are.
	Chemin vicinal du Bois.		"	"
105	Dame Cannonier.	terre.	80　"	"
105	Gallet (Claude).	latrines.	"	"
105	Id.	terre.	80　"	10　"
105	Dame Cannonier.	terre.	80　"	10　"
99	Jomard.	jardin.	120　"	30　"
99	Peloux.	jardin.	140　"	"
99	Revolier	bâtiment.	"	"
99	Id.	jardin.	150　"	"
	Chemin du Bois.		"	"
193	Granger-Pagnon.	bâtiments.	"	"
194	Id.	jardin clos.	200　"	100　"
195	Id.	terre.	80　"	15　"
196	Id.	pré.	200　"	30　"
196	Id.	bâtiment.	"	"
	Sentier public.		"	"
	Granger-Pagnon.	pré.	300　"	40　"
	Ruisseau du Chavanellet.		"	"
596	Lassagne frères.	pré.	400　"	50　"
596	Id.	pré.	450　"	60　"
	Chemin de grande communication n° 19, de Saint-Etienne à Serrières. . . .		"	"
596	Lassagne frères.	pré.	450　"	50　"
599	Id.	bât. jardin.	450　"	50
600	Id.	pré.		"
	Chemin de service de Villebœuf. . . .		"	"
586	Lassagne frères.	jardin.	300　"	40
691	Id.	pré.	400　"	"
691	Id.	jardin et bâtiment.	400　"	"
1031	La commune de Saint-Etienne.	jardin public.	400　"	100
	Le pré à l'ouest de la place du Jardin-des-Plantes appartient à M. Lassagne; sa valeur est de 700 fr. l'are.		"	"
364	Neyron de Méons.	contruction servant de magasin de roulage.	"	"

DIFFÉRENCE par are.	ÉVALUATION des bâtiments et autres constructions.	ÉTENDUE de terrain prise.	SOMME.	OBSERVATIONS.
"	"	"	"	
80 "	"	"	"	
"	70	"	"	
90 "	"	"	"	
90 "	"	"	"	
150 "	"	"	"	
140 "	60	"	"	Murs.
"	7,000 "	"	"	
"	"	"	"	
"	16,000 "	"	"	Murs.
300 "	350 "	"	"	
95 "	"	"	"	
230 "	"	"	"	
"	3000	"	"	
"	"	"	"	
340 "	"	"	"	
"	"	"	"	
450 "	"	1500 "	6,750 "	
510 "	"	2160 "	1,116 "	
"	"	"	"	
500 "	"	"	"	
"	"	"	"	
500 "	18,000 "	1200 "	6,000 "	
"	"	"	"	
340	"	50 "	170 "	
400	"	"	"	
400 "	12,000 "	"	"	
500 "	"	9465 "	47,325 "	
700	"	992 "	6,944 " / 5,000 "	
"	20,000 "	"	"	

23

NUMÉROS du cadastre.	NOMS DES PROPRIÉTAIRES.	NATURE de culture.	EVALUATION de l'are.	DÉPRÉCIATION par are.
364 bis	Neyron de Méons.	clôture servant d'entrepôt de houille	"	"
364 ter	La compagnie du chemin de Lyon. .	clôture servant d'entrepôtaux houilles deFirminy	"	"
608	Neyron de Méons.	groupe de maisons.	"	"
609	Id.	cour.	2000 "	200 "
609	Id.	construction servant de magasin de vins.	"	"
608	Id.	construction servant d'écurie et de fenil.	"	"
608 bis	Id.	maison.	"	"
608 ter	Id.	clôture servant d'entrepôt de bois.	"	"
607	Id.	pré pour lots.	2000 "	200 "
607 bis	Id.	pré pour lots.	2000 "	200 "
607 ter	Id.	maison.	"	"
607 quat.	Id.	maison.	"	"

DIFFÉRENCE par are.	ÉVALUATION des bâtiments et autres constructions.	ÉTENDUE de terrain prise.	SOMME.	OBSERVATIONS.
"	2,000 "	2568 "	51,360 "	
"	2,000 "	2528 "	50,560 "	
"	110000 "	"	65,000 "	
2,200 "	"	416 50	9 163 "	
"	22,000 "	"	"	
. "	5,000 "	"	"	
"	75,000 "	"	"	
"	2,500 "	1032 "	25,800 "	
2,200 "	"	720 "	15,840 "	
2,200 "	"	"	"	
"	20,000 "	"	"	
"	40,000 "	"	"	
			301,120 "	

Résumé des dépenses.

PREMIÈRE SECTION.

Emplacement pour le chemin et ses dépendances.

<table>
<tr><td></td><td></td><td>fr.</td><td>c.</td></tr>
<tr><td>1</td><td>Evaluation des terrains et des constructions à acquérir (1). .</td><td>28,966</td><td>67</td></tr>
</table>

Travaux de terrassement.

| 2 | Déblais, 108,611 mètres cubes 842, en moyenne, à 1 fr. le mètre cube. . . . . | 108,611 84 |
| 3 | Remblais, 52,214 m. c. 524, en moyenne à 0 fr. 90 c. le mètre cube. . . . . | 46,993 07 |

Travaux divers.

4	Rectifications de chemins.	1,000 "
5	Haies, treillage ou poteaux avec lisses.	2,320 "
6	Plantations et gazonnement.	2,000 "

Travaux d'art.

7	Deux tunnels !	50,000 "
8	Trois barrières-portes.	1,500 "
9	Quatre ponceaux.	9,500 "
10	Un pont-viaduc.	34,000 "
11	Sept ponceaux-viaducs.	13,000 "
12	Un puits à eau à remplacer.	100 "
13	Murs de soutènement et croisés.	1,200 "
14	Petits canaux pour l'écoulement des eaux.	800 "
15	Rectifications et encaissements de cours d'eau.	2,000 "
16	Gare principale, comprenant logements, bureaux, salles, magasins, remises, ateliers, château d'eau et accessoires (2). .	100,000 "
17	Trois ports secs, indépendants de la gare.	12,000 "
18	Une petite maison de garde (3).	1,500 "

(1) Les évaluations des terrains, des constructions et surtout celles des dépréciations, ont été forcées ; d'autre part, les surfaces prises ont été plutôt exagérées que restreintes, surtout pour les gares et les ports secs ; par suite, il en est de même pour les déblais et les remblais. Nous n'avons pas compté les terrains pour les rectifications de chemins et de cours d'eau, parce que les parties prises seront au moins compensées par les parties rendues.

(2) Les divers bâtiments seront en construction légère, partie en briques, et les charpentes partie en fer, comme on l'a pratiqué, notamment pour les chemins de fer de la Prusse.

(3) Les maisons de gardes, comptées ici à part, seront placées les unes à côté des barrières-portes, les autres près des entrées et des sorties des trois derniers tunnels. Les maisons de gardes qui ne sont pas mentionnées dépendront des gares et des ports secs.

Etablissement de la voie en fer.

19 Fondation de la voie, cailloutage, ensablement, traverses en
    chêne, rails en fer, dés, coussinets, coins, chevillettes,
    boulons ou étriers ces derniers articles augmentés d'un
    dixième à cause des voies d'évitement, des croisements et des
    passages à niveau), plates-formes tournantes, jeux d'ai-
    guilles, signaux, etc., pose et accessoires. . . . . . .   220,000 »

DEUXIÈME SECTION.

Emplacement pour le chemin et ses dépendances.

20 Evaluation des terrains et des constructions à acquérir. . . .   89,555 84

Travaux de terrassement.

21 Déblais, 4,481 m. c. 066. . . . .   4,481 06
22 Remblais, 23,492 m. c. 557. . . . .   21,143 30

Travaux divers.

23 Rectifications de chemins. . . . .   500 »
24 Haies, treillage ou poteaux avec lisses. . . . .   3,443 »
25 Plantations et gazonnement. . . . .   2,500 »

Travaux d'art.

26 Consolidation du terrain par suite des anciens travaux de mines.   5,000 »
27 Quatre barrières-portes. . . . .   2,000 »
28 Deux ponts-viaducs. . . . .   30,000 »
29 Six ponceaux-viaducs. . . . .   12,500 »
30 Murs de soutènement et croisés. . . . .   »
31 Petits canaux pour l'écoulement des eaux. . . . .   1,000 »
32 Rectifications et encaissements de cours d'eau. . . . . .   8,000 »
33 Gare de Firminy. . . . .   20,000 »
34 Trois ports secs, indépendants de la gare. . . . .   8,000 »
35 Trois petites maisons de garde. . . . .   4,500 »

Etablissement de la voie en fer.

36 Fondation de la voie, cailloutage, ensablement, traverses en
    chêne, rails en fer, dés, coussinets, coins, chevillettes,
    boulons ou étriers (ces derniers articles augmentés d'un
    dixième à cause des voies d'évitement, des croisements et des
    passages à niveau), plates-formes tournantes, jeux d'ai-
    guilles, signaux, etc., pose et accessoires. . . . .   303,500 »

TROISIÈME SECTION.

Emplacement pour le chemin et ses dépendances.

37	Evaluation des terrains et des constructions à acquérir. . . .	74,762 66

Travaux de terrassement.

38	Déblais , 145,128 m. c. 258.	145,128 25
39	Remblais , 144,775 m. c. 224.	130,297 40

Travaux divers.

40	Rectifications de chemins.	800 »
41	Haies, treillage ou poteaux avec lisses.	3,775 »
42	Plantations et gazonnement.	2,800 »

Travaux d'art.

43	Cinq barrières-portes.	2,500 »
44	Trois ponceaux.	8,000 »
45	Deux ponts-viaducs.	20,000 »
46	Neuf ponceaux-viaducs	20,000 »
47	Murs de soutènement et croisés.	1,000 »
48	Petits canaux pour l'écoulement des eaux.	1,000 »
49	Rectifications et encaissements de cours d'eau.	20,000 »
50	Gare du Chambon.	20,000 »
51	Gare de la Ricamarie avec plates-formes et machines mobiles pour chargements et déchargements, appropriation des chemins arrivant à la gare, etc.	30,000 »
52	Deux ports secs , indépendants des gares.	5,000 »
53	Quatre petites maisons de gardes.	6,000 »

Etablissement de la voie en fer.

54	Fondation de la voie, cailloutage, ensablement, traverses en chêne, rails en fer, dés, coussinets, coins, chevillettes, boulons ou étriers (ces derniers articles augmentés d'un dixième à cause des voies d'évitement, des croisements et des passages à niveau), plates-formes tournantes, jeux d'aiguilles, signaux, etc., pose et accessoires.	297,500 »

QUATRIÈME SECTION.

Emplacement pour le chemin et ses dépendances.

55	Evaluation des terrains et des constructions à acquérir. . . .	34,103 90

Travaux de terrassement.

56	Déblais, 392,775 m. c. 575.	392,775	57
57	Remblais.	»	

Travaux divers.

58	Rectifications de chemins.	»	
59	Haies, treillage ou poteaux avec lisses.	500	»
60	Plantations et gazonnement.	1,000	»

Travaux d'art.

61	Un tunnel, 2,766 mètres courants† et 12 puits avec margelles. .	1,514,324	»
62	Consolidation du terrain par suite des anciens travaux de mines.	2,000	»
63	Un pont.	20,000	»
64	Un ponceau.	3,000	»
65	Deux aqueducs.	8,000	»
66	Murs de soutènement et croisés.	1,600	»
67	Petits canaux pour l'écoulement des eaux.	1,000	»
68	Rectifications et encaissements de cours d'eau.	»	
69	Deux petites maisons de gardes.	3,000	»

Etablissement de la voie en fer.

70	Fondation de la voie, cailloutage, ensablement, traverses en chêne, rails en fer, dés, coussinets, coins, chevillettes, boulons ou étriers (ces derniers articles augmentés d'un dixième à cause des voies d'évitement, des croisements et des passages à niveau), plates-formes tournantes, jeux d'aiguilles, signaux, etc., pose et accessoires.	286,300	»

CINQUIÈME SECTION.

Emplacement pour le chemin et ses dépendances.

71	Evaluation des terrains et des constructions à acquérir. . . .	54,366	27

Travaux de terrassement.

72	Déblais, 47,306 m. c. 605.	47,306	60
73	Remblais, 6,631 m. c. 753.	6,168	55

Travaux divers.

74	Rectifications de chemins.	1,500	»

| 75 | Haies, treillage ou poteaux avec lisses. . . . . | 990 | » |
| 76 | Plantations et gazonnement. . . . . | 300 | " |

Travaux d'art.

77	Deux barrières-portes.	1,000	"
78	Un pont.	7,000	"
79	Trois ponceaux.	6,000	"
80	Un ponceau-viaduc.	1,200	"
81	Murs de soutènement et croisés.	· 400	"
82	Petits canaux pour l'écoulement des eaux.	400	"
83	Rectifications et encaissements de cours d'eau.		"
84	Un port sec.	2,000	"
85	Deux petites maisons de gardes.	3,000	"

Établissement de la voie en fer.

| 86 | Fondation de la voie, cailloutage, ensablement, traverses en chêne, rails en fer, dés, coussinets, coins, chevillettes, boulons ou étriers (ces derniers articles augmentés d'un dixième à cause des voies d'évitement, des croisements et des passages à niveau), plates-formes-tournantes, jeux d'aiguilles, signaux, etc., pose et accessoires. . . . . . | 87,200 | " |

SIXIÈME SECTION.

Emplacement pour le chemin et ses dépendances.

| 87 | Évaluation des terrains et des constructions à acquérir. . . . | 301,120 | » |

Travaux de terrassement.

| 88 | Déblais, 50,887 m. c. 874. . . . . | 50,887 | 87 |
| 89 | Remblais, 6088 m. c. 196. . . . . | 5,479 | 15 |

Travaux divers.

90	Rectifications de chemins.	1,500	"
91	Haies, treillage ou poteaux avec lisses.	1,000	"
92	Plantations et gazonnement.	1,500	"

Travaux d'art.

93	Deux tunnels† 1,390 mètres courants† et quatre puits avec margelles, ou deux puits et deux galeries.	600,000	"
94	Quatre barrières-portes.	2,000	"
95	Quatre ponts.	65,000	"

96	Deux ponceaux.	8,000	"
97	Un pont-viaduc.	20,000	"
98	Un ponceau-viaduc.	8,000	"
99	Murs de soutènement et croisés.	1,000	"
100	Petits canaux pour l'écoulement des eaux.	300	"
101	Rectifications et encaissements de cours d'eau.	12,000	"
102	Gare de Saint-Etienne à la place de Villebeuf.	40,000	"
103	Gare d'arrivée à Bérard avec port sec principal, succursale d'ateliers, château d'eau, etc.	50,000	"
104	Cinq petites maisons de gardes.	7,500	"

Établissement de la voie en fer.

| 105 | Fondation de la voie, cailloutage, ensablement, traverses en chêne, rails en fer, dés, coussinets, coins, chevillettes, boulons ou étriers (ces derniers articles augmentés d'un dixième à cause des voies d'évitement, des croisements et des passages à niveau), plates-formes tournantes, jeux d'aiguilles, signaux, etc., pose et accessoires. . . . . | 204,200 | " |

Matériel d'exploitation.

106	Wagons découverts pour le transport de la houille, du coke, etc.		
107	Wagons à claire-voie pour le transport des bestiaux, etc. .		
108	Wagons fermés pour le transport des bagages et différentes marchandises		
109	Voitures de 3 classes pour le transport des voyageurs . . .	600,000	"
110	Locomotives, tenders, etc.		
111	Machines, outils et matériel pour les ateliers, les magasins, etc.		
112	Mobilier des bureaux, des salles, etc.		
113	Bascules et divers		

Frais généraux.

114	Frais d'études et de suites pour l'obtention de l'autorisation, et divers jusqu'à l'exécution des travaux.	50,000	"
115	Frais d'organisation des services pour la construction du chemin et l'exploitation, frais d'administration, frais de réception du chemin, et divers.	60,000	"
116	Frais de transactions pour l'acquisition des terrains et des constructions ; frais de transactions avec les entrepreneurs et autres ; frais de procédure, impositions, etc.	65,000	"
117	Indemnités et pertes diverses.	Mémoire.	
118	Intérêts du capital employé, évalués en moyenne pour une année et demie, environ.	450,000	"
119	Imprévu et réserve.	468,900	"
	Total.	7,500,000	"

24

TARIFS POUR LE TRANSPORT DES VOYAGEURS ET DES MARCHANDISES.

Les difficultés que présentera l'exécution du chemin de fer et les
énormes dépenses que cette exécution nécessitera à cause des tunnels,
du grand nombre de travaux d'art et du raccordement avec le chemin de fer de Saint-Étienne à Lyon, devraient nous mettre dans
l'obligation de proposer des tarifs élevés pour les transports. Mais,
après un mûr examen de toutes les questions économiques et d'intérêt public, nous nous sommes décidés à proposer des tarifs très
modérés ; car ce sont ceux qui ont été admis pour le Grand-Central,
à l'exception toutefois du prix de transport de la houille, que nous
avons porté à 14 centimes par tonne et par kilomètre. Ce dernier
chiffre est du reste bien inférieur à ceux des prix de transport actuels par les routes, ainsi qu'à ceux qui sont perçus sur les chemins
de fer de Saint-Étienne à Lyon, de Saint-Étienne à Roanne et à
Andrezieux, et surtout à ceux des transports par le chemin de fer de
Montrambert.

On trouvera dans l'appendice le tableau des tarifs que nous proposons et qui, nous le répétons, ont été empruntés au cahier des charges
du Grand-Central.

QUATRIÈME PARTIE.

Aux considérations sérieuses qui déjà ressortent en notre faveur pour l'obtention de l'autorisation d'établir le chemin de fer projeté, nous croyons devoir ajouter les suivantes.

Depuis peu de temps, la concession d'Unieux et Fraisse a considérablement agrandi l'échelle de ses travaux : cette exploitation possède aujourd'hui quatorze puits, deux chemins de fer et beaucoup d'autres grands travaux; bientôt elle aura creusé plus de vingt puits, et pourra fournir, par jour, au moins 1,000 tonnes de charbon. En un mot, l'échelle de nos travaux déjà exécutés ou en voie d'exécution est plus étendue que celle des travaux de nos voisins, qui cependant exploitent depuis plus d'un siècle.

L'établissement du chemin de fer projeté est non-seulement d'un intérêt général, mais encore, il est d'un intérêt spécial et un annexe indispensable des houillères et des usines de la localité. Puisqu'il en est ainsi pour les diverses concessions et usines de la localité, les motifs sont bien plus puissants pour la concession d'Unieux et Fraisse; car c'est celle qui termine le bassin, qui est par conséquent la plus éloignée de Saint-Etienne, centre des marchés, et celle pour laquelle les transports sont le plus onéreux.

Dès lors, nous plus que tous autres, par notre position exceptionnelle, à l'extrémité du bassin houiller, avons droit à la sollicitude éclairée du gouvernement : une autre concession que celle d'Unieux et Fraisse, qui obtiendrait l'autorisation de construire le chemin de fer, laisserait évidemment une lacune dans laquelle nous nous trouverions compris ; de plus, outre l'avantage qui résulterait pour elle de la moins grande distance jusqu'à Saint-Etienne, le prix du transport de ses propres produits serait diminué par le bénéfice qu'elle ferait sur les transports des produits des autres concessions, des usines, fabriques, etc.

Nous, au contraire, étant à la limite du bassin, nous avons à parcourir la plus grande distance depuis la Loire jusqu'à Saint-Etienne; par conséquent nous satisfaisons nécessairement aux besoins de toutes les autres concessions, usines, etc. L'avantage que nous pourrions obtenir, en transportant nous-mêmes nos propres produits et ceux des autres exploitations, compenserait l'excédant de distance que nous avons à parcourir pour arriver à Saint-Etienne; tandis que le chemin en d'autres mains établirait une différence énorme entre le prix de transport de leurs produits et celui des nôtres : aucune compensation pour les distances respectives ne deviendrait possible, et cependant, il est très utile dans un pays d'industrie de maintenir autant qu'on le peut l'équilibre entre tous les intérêts.

Jusqu'à ce jour nous sommes les seuls qui aient demandé régulièrement l'autorisation de construire le chemin de fer dont nous avons conçu le projet, et qui aient exécuté des études aussi longues, aussi dispendieuses ; nous sommes les seuls, enfin, qui aient été autorisés à faire ces études, et qui aient reçu les encouragements de Votre Excellence.

Nous avons donc la confiance que le gouvernement jugera à cette heure mieux que jamais qu'il ne pourrait, sans porter un grave préjudice, peut-être un coup mortel à notre exploitation, accorder l'autorisation définitive à d'autres qu'à nous.

L'activité et les soins que nous avons mis depuis deux années à développer nos travaux de mines, la célérité et l'exactitude que nous avons apportées dans les études du chemin projeté, études qui étaient rendues très dificiles par les conditions vraiment exceptionnelles de la localité, sont tout autant de garanties sérieuses pour la prompte et bonne exécution du chemin de fer.

Le chemin de fer que nous désirons construire étant principalement entrepris pour venir en aide à notre exploitation de charbon d'Unieux et Fraisse, nous n'avons demandé aucune subvention : nous nous sommes engagés à l'exécuter à nos risques et périls. Seulement, dans un but économique et pour avoir la faculté de lever les obstacles que nous pourrions rencontrer, nous avons sollicité le bénéfice de la loi sur l'expropriation pour cause d'utilité publique.

Nous nous soumettrons aussi à tous les règlements de police et d'administration que le gouvernement nous dictera.

Enfin, malgré les difficultés d'exécution, nous nous engageons à établir le chemin de fer principal dans le délai de deux années et demie.

URGENCE DE L'EXÉCUTION IMMÉDIATE DU CHEMIN DE FER PRINCIPAL.

D'après les motifs qui ont été exposés dans ce mémoire, on voit de quelle urgence est le chemin de fer projeté, par conséquent combien il importe pour tous les intérêts que sa construction soit commencée le plus promptement possible.

Or, nous avons pris toutes nos dispositions pour commencer les travaux dès cet hiver, et pour les exécuter avec la célérité que réclament des besoins aussi pressants. D'autre part, la sollicitude que le gouvernement de Sa Majesté montre toujours pour les questions d'intérêt public nous fait espérer qu'il jugera utile de seconder nos efforts par une autorisation très prochaine.

APPENDICE.

Comme nous ne demandons aucune subvention à l'État, ni au département, ni aux communes, qu'il nous soit permis de proposer les principales clauses pour le cahier des charges. Nous les avons combinées dans l'intérêt de tous ; d'ailleurs, elles ont été empruntées en grande partie au cahier des charges que le gouvernement a adopté pour le Grand-Central ; et, dans tous les cas, nous nous soumettons aux modifications que Votre Excellence jugera utiles.

La Compagnie qui a demandé l'autorisation d'établir le chemin de fer en projet s'engage à exécuter à ses frais, risques et périls, tous les travaux du chemin de fer d'Unieux à Saint-Etienne, avec les embranchements qu'elle propose, et à terminer ceux du chemin principal dans le délai de deux années et demie.

Ce délai courra à dater du jour de l'autorisation.

Le chemin principal s'embranchera à la gare de Bérard sur le chemin de fer de Saint-Etienne à Lyon.

Le chemin de fer projeté du bas d'Unieux à la gare de Bérard sera à deux voies.

La largeur du chemin de fer est fixée à huit mètres trente centimètres (8 m. 30 c.) dans les parties en levée et dans les tranchées ; elle est fixée à sept mètres cinquante centimètres (7 m. 50 c.) entre les parapets des ponts et dans les souterrains.

La distance du milieu des rails devra être d'un mètre cinquante centimètres (1 m. 50 c). L'entre-voie sera égale à un mètre quatre-vingts centimètres, mesurée entre les faces extérieures des rails de chaque voie. La largeur des accottements ou, en d'autres termes, la largeur entre les faces extérieures des rails extrêmes et l'arête extérieure du chemin sera au moins égale à un mètre cinquante centimètres

(1 m. 50 c.) dans les parties en levée, et à un mètre (1 m.) dans les tranchées et les rochers, entre les parapets des ponts et dans les souterrains.

Les alignements devront se rattacher suivant des courbes dont le rayon minimum est fixé à cinq cents mètres (500 m.).

Le maximum des pentes et rampes du tracé n'excédera pas douze millimètres par mètre.

Le chemin de fer, à la rencontre des routes impériales ou départementales non réformées, devra passer soit au-dessus, soit au-dessous de ces routes.

Les croisements de niveau seront tolérés pour les routes réformées, les chemins vicinaux, ruraux ou particuliers.

Lorsque le chemin de fer devra passer au-dessus d'une route impériale ou départementale, ou d'un chemin vicinal, l'ouverture du pont ne sera pas moindre de huit mètres (8 m.) pour la route impériale, de sept mètres (7 m.) pour la route départementale, de cinq mètres (5 m.) pour le chemin vicinal de grande communication, et de quatre mètres (4 m.) pour le simple chemin vicinal. La hauteur sous clef, à partir de la chaussée de la route, sera de cinq mètres (5 m.) au moins ; pour les ponts en charpente, la hauteur sous poutre sera de quatre mètres trente centimètres (4 m. 30 c.) au moins ; la largeur entre les parapets sera au moins de huit mètres (8 m.), et la hauteur de ces parapets de quatre-vingts centimètres (80 c.) au moins.

Lorsque le chemin de fer devra passer au-dessous d'une route impériale ou départementale, ou d'un chemin vicinal, la largeur entre les parapets du pont qui supportera la route ou le chemin sera fixée au moins à huit mètres (8 m.) pour la route impériale, à sept mètres (7 m.) pour la route départementale, à cinq mètres (5 m.) pour le chemin vicinal de grande communication, et à 4 mètres (4 m.) pour le chemin vicinal.

L'ouverture du pont entre les culées sera au moins de sept mètres quarante centimètres (7 m. 40 c.), et la distance verticale entre l'intrados et le dessus des rails ne sera pas moindre de quatre mètres trente centimètres (4 m. 30 c.).

Lorsque le chemin traversera un cours d'eau, le pont aura la largeur de la voie et la hauteur de parapets fixées à l'article relatif au passage de la voie au-dessus des routes et chemins.

Les ponts à construire à la rencontre des routes impériales et départementales et des rivières seront en maçonnerie ou en fer.

Dans le cas où des routes départementales, et des chemins vicinaux, ruraux ou particuliers, seraient traversés à leur niveau par le chemin de fer, les rails ne pourront être élevés au-dessus ou abaissés au-dessous de la surface de ces routes de plus de 3 centimètres. Les rails et le chemin de fer devront, en outre, être disposés de manière à ce qu'il n'en résulte aucun obstacle à la circulation.

Des barrières seront tenues fermées de chaque côté du chemin de fer partout où cette mesure sera jugée nécessaire par l'administration.

Un gardien, payé par la Compagnie, sera constamment préposé à la garde et au service de ces barrières.

La Compagnie sera tenue de rétablir et d'assurer à ses frais l'écoulement de toutes les eaux, dont le cours serait arrêté, suspendu ou modifié par les travaux dépendants de l'entreprise.

Les aqueducs qui seront construits seront en maçonnerie ou en fer.

Des routes et ponts provisoires seront construits, par les soins et aux frais de la Compagnie, partout où cela sera jugé nécessaire pendant l'exécution des travaux.

Les percées ou souterrains dont l'exécution sera nécessaire auront au moins sept mètres quarante centimètres (7 m. 40 c.) de largeur entre les pieds-droits au niveau des rails, et cinq mètres cinquante centimètres (5 m. 50 c.) de hauteur sous clef à partir de la surface du chemin; et la distance verticale entre l'intrados et le dessus des rails extérieurs de chaque voie sera au moins de quatre mètres trente centimètres (4 m. 30 c.).

Si les terrains dans lesquels les souterrains seront ouverts présentaient des chances d'éboulement ou de filtration, la Compagnie sera tenue de prévenir ou d'arrêter ce danger par des ouvrages solides et imperméables.

Les puits d'aérage et de construction des souterrains ne pourront avoir leur ouverture sur aucune voie publique, et là où ils seront ouverts ils seront entourés d'une margelle en maçonnerie de deux mètres (2 m.) de hauteur.

La Compagnie pourra employer dans la construction du chemin de fer les matériaux communément en usage dans les travaux publics de la localité. Toutefois, les têtes de voûtes, les angles, socles, couronnements, extrémités de radiers, seront, autant que possible, en pierre de taille.

Les rails et autres éléments constitutifs de la voie de fer devront être de bonne qualité et propres à remplir leur destination. Le poids des rails sera au moins de trente-cinq kilogrammes par mètre courant sur les voies de circulation, et de trente kilogrammes dans le cas où la Compagnie voudrait poser des rails sur longrines.

Tous les terrains destinés à servir d'emplacement au chemin de fer et à toutes ses dépendances, telles que gares de croisement et de stationnement, lieux de chargement et de déchargement, ainsi qu'au rétablissement des communications déplacées ou interrompues, et de nouveaux lits des cours d'eau, seront achetés et payés par la Compagnie.

La Compagnie est substituée aux droits comme elle est soumise à toutes les obligations qui dérivent, pour l'administration, de la loi du 3 mai 1841.

L'entreprise étant d'utilité publique, la Compagnie est investie de tous les droits que les lois et règlements confèrent à l'administration elle-même pour les travaux de l'Etat. Elle pourra, en conséquence, se procurer par les mêmes voies les matériaux de remblai et d'empierrement nécessaires à la construction et à l'entretien du chemin de fer; elle jouira, tant pour l'extraction que pour le transport et le dépôt des terres et matériaux, des privilèges accordés par les mêmes lois et règlements aux entrepreneurs de travaux publics, à la charge par elle d'indemniser à l'amiable les propriétaires des terrains endommagés, ou, en cas de non-accord, d'après les règlements arrêtés par le conseil de préfecture, sauf recours au conseil d'Etat, sans que, dans aucun cas, elle puisse exercer de recours à cet égard contre l'administration.

Les indemnités pour occupation temporaire ou détérioration de terrains, pour chômage, modification ou destruction d'usines, pour tout dommage quelconque résultant des travaux, seront supportées et payées par la Compagnie.

Les travaux de consolidation à faire dans l'intérieur des mines à raison de la traversée du chemin de fer, et tous les dommages résultant de cette traversée pour les concessionnaires des mines, seront à la charge de la Compagnie.

Pendant la durée des travaux, qu'elle effectuera par des moyens et des agents à son choix, la Compagnie sera soumise au contrôle et à la surveillance de l'administration. Ce contrôle et cette surveillance auront pour objet d'empêcher la Compagnie de s'écarter des dispositions qui lui sont prescrites par le présent cahier des charges.

Après l'achèvement total des travaux, la Compagnie fera faire à ses frais un bornage contradictoire et un plan cadastral du chemin de fer et de ses dépendances; elle fera dresser, également à ses frais et contradictoirement avec l'administration, un état descriptif des ponts, aqueducs et autres ouvrages d'art qui auront été établis conformément aux conditions du présent cahier des charges.

Une expédition, dûment certifiée, des procès-verbaux de bornage, du plan cadastral et de l'état descriptif, sera déposée, aux frais de la Compagnie, dans les archives de l'administration des ponts-et-chaussées.

Le chemin de fer et toutes ses dépendances seront constamment entretenus en bon état, et de manière que la circulation soit toujours facile et sûre.

L'état dudit chemin et de ses dépendances sera reconnu annuellement, et plus souvent, en cas d'urgence ou d'accidents, par un commissaire que désignera l'administration.

Les frais d'entretien et ceux de réparation, soit ordinaires, soit extraordinaires, resteront entièrement à la charge de la Compagnie.

Pour ce qui concerne cet entretien et ces réparations, la Compagnie demeure soumise au contrôle et à la surveillance de l'administration.

Si le chemin de fer, une fois achevé, n'est pas constamment entretenu en bon état, il y sera pourvu d'office à la diligence de l'administration et aux frais de la Compagnie. Le montant des avances faites sera recouvré par des rôles que le préfet du département rendra exécutoires.

Les frais de visite, de surveillance et de réception des travaux seront supportés par la Compagnie.

En cas de non-versement dans le délai fixé, le préfet rendra un rôle exécutoire, et le montant en sera recouvré comme en matière de contributions publiques.

En cas d'interruption partielle ou totale de l'exploitation du chemin de fer, l'administration prendra immédiatement, aux frais et risques de la Compagnie, les mesures nécessaires pour assurer provisoirement le service.

Si, dans les trois mois de l'organisation du service provisoire, la Compagnie n'a pas valablement justifié des moyens de reprendre et de continuer l'exploitation, et si elle ne l'a pas effectivement reprise, la déchéance pourra être prononcée par le Ministre des travaux publics.

Les dispositions de l'article qui précède ne seront point applicables au cas où le retard, ou la cessation des travaux, ou l'interruption de l'exploitation, proviendraient de force majeure régulièrement constatée.

La contribution foncière sera établie en raison de la surface des terrains occupés par le chemin de fer et par ses dépendances ; la cote en sera calculée, comme pour les canaux, conformément à la loi du 25 avril 1803.

Les bâtiments et magasins dépendants de l'exploitation du chemin de fer seront assimilés aux propriétés bâties dans la localité, et la Compagnie devra également payer toutes les contributions auxquelles ils pourront être soumis.

L'impôt dû au Trésor sur le prix des places ne sera prélevé que sur la partie du tarif correspondant au prix du transport des voyageurs.

Des règlements d'administration publique, rendus après que la Compagnie aura été entendue, détermineront les mesures et les dispositions nécessaires pour assurer la police, l'exploitation et la conservation du chemin de fer et des ouvrages qui en dépendent.

Toutes les dépenses qu'entraînera l'exécution de ces mesures et de ces dispositions resteront à la charge de la Compagnie.

La Compagnie sera tenue de soumettre à l'approbation de l'administration les règlements de toute nature qu'elle fera pour le service et l'exploitation du chemin de fer.

Les machines locomotives seront construites sur les meilleurs modèles connus.

Les voitures de voyageurs devront également être du meilleur modèle ; elles seront toutes suspendues sur ressorts et garnies de banquettes.

Il y en aura de trois classes.

Les voitures de la 1re classe seront couvertes, garnies et fermées à glaces.

Celles de la 2e classe seront couvertes, fermées à glaces, et auront des banquettes rembourrées.

Celles de la 3e classe seront couvertes et fermées à vitres.

Les places seront numérotées dans les voitures de 3e classe, comme dans celles de 1re classe et de 2e classe.

Les voitures de toutes les classes devront remplir les conditions réglées ou à régler pour les voitures qui servent au transport des personnes.

Les wagons de marchandises et de bestiaux et les plates-formes seront de bonne et solide construction.

Le chemin de fer sera clôturé et séparé des propriétés particulières par des murs, ou des haies, ou des poteaux avec lisses.

Les barrières fermant les communications particulières s'ouvriront sur les terres et non sur le chemin de fer.

Pour indemniser la Compagnie des travaux et dépenses qu'elle s'engage à faire par le présent cahier des charges, et sous la condition expresse qu'elle en remplira exactement toutes les obligations, le gouvernement lui accorde, pour un laps de quatre-vingt-dix-neuf années, à dater de l'époque fixée pour l'achèvement des travaux, l'autorisation de percevoir les droits de péage et les prix de transport ci-après déterminés.

Il est expressément entendu que les prix de transport ne seront dus à la Compagnie qu'autant qu'elle effectuera elle-même ce transport à ses frais et par ses propres moyens.

La perception aura lieu par kilomètre, sans égard aux fractions de distance : ainsi, un kilomètre entamé sera payé comme s'il avait été parcouru. Néanmoins, pour toute distance parcourue, moindre de 4 kilomètres, le droit sera payé comme pour 4 kilomètres entiers.

Le poids de la tonne est de 1,000 kilogrammes ; les fractions de poids ne seront comptées que par centième de tonne ; ainsi, tout poids compris entre zéro et 10 kilogrammes paiera comme 10 kilogrammes ; entre 10 et 20 kilogrammes, il paiera comme 20 kilogrammes ; entre 20 et 30 kilogrammes, il paiera comme 30 kilogrammes, etc.

L'administration déterminera, la Compagnie entendue, le minimum et le maximum de vitesse des convois de voyageurs et de marchandises, ainsi que la durée du trajet.

A moins d'autorisation spéciale et révocable de l'administration, tout convoi régulier de voyageurs devra contenir en quantité suffisante des voitures de toutes classes, destinées aux personnes qui se présenteront dans les bureaux du chemin de fer.

TARIF.

DÉSIGNATION.	PRIX		TOTAL.
	de péage.	de transport.	
Par tête et par kilomètre.	f. c.	f. c.	f. c.
VOYAGEURS			
(non compris l'impôt du dixième sur le prix des places).			
Voitures couvertes, garnies et fermées à glaces (1re classe)	0 067	0 033	0 10
Voitures couvertes, fermées à glaces et à banquettes rembourrées (2e classe).	0 050	0 025	0 075
Voitures couvertes et fermées à vitres (3e classe). . .	0 037	0 018	0 055
BESTIAUX			
Bœufs, vaches, taureaux, chevaux, mulets, bêtes de trait.	0 07	0 03	0 10
Veaux et porcs.	0 025	0 015	0 04
Moutons, brebis, agneaux, chèvres.	0 01	0 01	0 02
Par tonne et par kilomètre.			
MARCHANDISES.			
1re *classe.* — Fontes moulées, fer et plomb ouvrés, cuivre et autres métaux ouvrés ou non, vinaigre, vins, boissons, spiritueux, huiles, cotons, lainages, bois de menuiserie, de teinture et autres bois exotiques, sucre, café, drogues, épiceries, denrées coloniales et objets manufacturés.	0 10	0 08	0 18
2e *classe.* — Blés, grains, farines, sels, chaux et plâtre, minerais, coke, charbon de bois, bois à brûler (dit de corde), perches, chevrons, planches, madriers, bois de charpente, marbre en bloc, pierre de taille, bitumes, fontes brutes, fer en barres ou en feuilles, plomb en saumons. . . .	0 09	0 07	0 16
3e *classe.* — Houille, marne, cendres, fumier et engrais, pierres à chaux et à plâtre, moellons, meulières, cailloux, sable, argile, tuiles, briques, ardoises, pavés et matériaux de toute espèce pour la construction et la réparation des routes. . . .	0 08	0 06	0 14
OBJETS DIVERS.			
Wagon et charriot destinés au transport sur le chemin de fer, y passant à vide..	0 06	0 06	0 12
Toute autre voiture destinée au transport sur le chemin de fer, y passant à vide, et machines locomotives ne traînant pas de convoi.	0 15	0 10	0 25
(Les machines locomotives seront considérées et taxées comme ne remorquant pas de convoi,			

DÉSIGNATION.	PRIX		TOTAL.
	de péage.	de transport.	
	f. c.	f. c.	f. c.
lorsque le convoi remorqué, soit en voyageurs, soit en marchandises, ne comportera pas un péage au moins égal à celui qui serait perçu sur une machine locomotive avec son allége, marchant sans rien traîner.}			
Par pièce et par kilomètre.			
Voiture à deux ou quatre roues, à un fond et à une seule banquette dans l'intérieur.	0 15	0 10	0 25
Voiture à quatre roues, à deux fonds et à deux banquettes dans l'intérieur.	0 18	0 14	0 32
(Le tarif sera double si le transport a lieu à la vitesse des convois de voyageurs. Dans ce cas, deux personnes pourront, sans supplément de tarif, voyager dans les voitures à une banquette, et trois dans les voitures à deux banquettes. Les voyageurs excédant ce nombre paieront le prix des places de 2e classe.)			

Les marchandises qui, sur la demande des expéditeurs, seraient transportées avec la vitesse des voyageurs paieront à raison de trente-six centimes la tonne.

Les chevaux et bestiaux, dans le cas indiqué au paragraphe précédent, paieront le double des taxes portées au tarif.

Dans le cas où la Compagnie jugerait convenable, soit pour le parcours total, soit pour les parcours partiels de la voie de fer, d'abaisser au-dessous des limites déterminées par le tarif les taxes qu'elle est autorisée à percevoir, les taxes abaissées ne pourront être relevées qu'après un délai de trois mois au moins pour les voyageurs, et d'un an pour les marchandises.

Tous changements apportés dans les tarifs seront annoncés un mois d'avance par des affiches. Ils devront d'ailleurs être homologués par des décisions de l'administration supérieure, prises sur la proposition de la Compagnie et rendues exécutoires par des arrêtés du préfet.

La perception des taxes devra se faire par la Compagnie indistinctement et sans aucune faveur. Dans le cas où la Compagnie aurait accordé à un ou plusieurs expéditeurs une réduction sur l'un des prix portés au tarif, avant de la mettre à exécution, elle devra en donner connaissance à l'administration, et celle-ci aura le droit de déclarer la réduction, une fois consentie, obligatoire vis-à-vis de tous les expéditeurs et applicable à tous les articles d'une même nature. La taxe ainsi réduite ne pourra, comme pour les autres réductions, être relevée avant un délai d'un an.

Les réductions ou remises accordées à des indigents ne pourront, dans aucun cas, donner lieu à l'application de la disposition qui précède.

En cas d'abaissement des tarifs, la réduction portera proportionnellement sur le péage et le transport.

Tout voyageur dont le bagage ne pèsera pas plus de 30 kilogrammes n'aura à payer pour le port de ce bagage aucun supplément du prix de sa place. Mais dans tous les cas, il paiera un droit de 10 centimes pour l'enregistrement de son bagage.

Les denrées, marchandises, effets, animaux et autres objets non désignés dans le tarif précédent seront rangés, pour les droits à percevoir, dans les classes avec lesquelles ils auront le plus d'analogie.

Les assimilations de classes pourront être provisoirement réglées par la Compagnie ; elles seront soumises immédiatement à l'administration, qui prononcera définitivement.

Les droits de péage et les prix de transport déterminés au tarif précédent ne sont point applicables :

1° A toute voiture pesant, avec son chargement, plus de quatre mille cinq cents kilogrammes (4,500 kil.).

2° A toute masse indivisible pesant plus de trois mille kilogrammes (3,000 kil.).

Néanmoins, la Compagnie ne pourra se refuser, ni à transporter les masses indivisibles pesant de trois mille à cinq mille kilogrammes, ni à laisser circuler toute voiture qui, avec son chargement, pèserait de quatre mille cinq cents à huit mille kilogrammes ; mais les droits de péage et les prix de transport seront augmentés de moitié.

La Compagnie ne pourra être contrainte à transporter les masses indivisibles pesant plus de 5,000 kilogrammes, ni à laisser circuler les voitures autres que les machines locomotives qui, chargement compris, pèseraient plus de 8,000 kilogrammes.

Si, nonobstant la disposition qui précède, la Compagnie transporte les masses indivisibles pesant plus de 5,000 kilogrammes, et laisse circuler les voitures autres que les machines locomotives qui, chargement compris, pèseraient plus de 8,000 kilogrammes, elle devra, pendant trois mois au moins, accorder les mêmes facilités à tous ceux qui lui en feraient la demande.

Les prix de transport déterminés au tarif ne sont point applicables :

1° Aux denrées et aux objets qui ne sont pas nommément énoncés dans le tarif et qui, sous le volume d'un mètre cube, ne pèsent pas 200 kilogrammes ;

2° A l'or et l'argent, soit en lingots, soit monnayés ou travaillés ; au plaqué d'or ou d'argent, au mercure et au platine, ainsi qu'aux bijoux, pierres précieuses et autres valeurs;

3° Et, en général, à tous paquets, colis ou excédants de bagage pesant isolément moins de 50 kilogrammes, à moins que ces paquets, colis ou excédants de bagage ne fassent partie d'envois pesant ensemble au-delà de 50 kilogrammes d'objets envoyés par une même personne à une même personne et d'une même nature, quoique emballés à part, tels que sucre, café, etc.

Dans les trois cas ci-dessus spécifiés, les prix de transport seront arrêtés annuellement par l'administration, sur la proposition de la Compagnie.

Au-dessus de 50 kilogrammes, quelle que soit la distance parcourue, le prix de transport d'un colis ne pourra être taxé à moins de quarante centimes.

Au moyen de la perception des droits et des prix réglés ainsi qu'il vient d'être dit, et sauf les exceptions stipulées au présent cahier des charges, la Compagnie contracte l'obligation d'exécuter constamment avec soin, exactitude, célérité et sans tour de faveur, le transport des voyageurs, bestiaux, denrées, marchandises, houille, coke, et matières quelconques qui lui seront confiés. Les bestiaux, denrées, marchandises, houille, coke et matières quelconques seront transportés dans l'ordre de leur numéro d'enregistrement.

Toute expédition de marchandises dont le poids, sous un même emballage, excédera vingt kilogrammes, sera constatée, si l'expéditeur le demande, par une lettre de voiture, dont un exemplaire restera aux mains de la Compagnie et l'autre aux mains de l'expéditeur.

La même constatation sera faite, sur la demande de l'expéditeur, pour tout paquet ou ballot pesant moins de vingt kilogrammes, dont la valeur aura été préalablement déclarée.

La Compagnie sera tenue d'expédier les marchandises dans les trois jours qui suivront la remise. Toutefois, si l'expéditeur consent à un plus long délai, il jouira d'une réduction, d'après un tarif approuvé par le Ministre des travaux publics.

Les frais accessoires non mentionnés au tarif, tels que ceux de chargement, de déchargement et d'entrepôt dans les gares et magasins du chemin de fer, seront fixés annuellement par un règlement qui sera soumis à l'approbation de l'administration supérieure.

Les expéditeurs ou destinataires resteront libres de faire eux-mêmes et à leurs frais le factage et le camionage de leurs marchandises, et la Compagnie n'en sera pas moins tenue, à leur égard, de remplir les obligations énoncées précédemment.

Dans le cas où la Compagnie consentirait, pour le factage et le camionage des marchandises, des arrangements particuliers à un ou plusieurs expéditeurs, elle sera tenue, avant de les mettre à exécution, d'en informer l'administration, et ces arrangements profiteront également à tous ceux qui lui en feraient la demande.

A moins d'une autorisation spéciale de l'administration, il est interdit à la Compagnie, sous les peines portées à l'art. 419 du Code pénal, de faire directement ou indirectement, avec des entreprises de transport de voyageurs ou de marchandises, par terre ou par eau, sous quelque dénomination ou forme que ce puisse être, des arrangements qui ne seraient pas consentis en faveur de toutes les entreprises desservant les mêmes voies.

Les règlements d'administration publique prescriront toutes les mesures nécessaires pour assurer la plus complète égalité entre les entreprises de transport, dans leurs rapports avec le service du chemin de fer.

Les militaires ou marins voyageant en corps, aussi bien que les militaires ou marins voyageant isolément pour cause de service, envoyés en congé limité ou en permission, ou rentrant dans leurs foyers après libération, ne seront assujétis, eux et leurs bagages, qu'au quart de la taxe du tarif.

Si le gouvernement avait besoin de diriger des troupes et un matériel militaire sur l'un des points desservis par la ligne du chemin de fer, la Compagnie serait tenue de mettre immédiatement à sa disposition, et à moitié de la taxe du tarif, tous les moyens de transport établis pour l'exploitation du chemin de fer.

Les ingénieurs ou commissaires attachés à la surveillance du chemin de fer seront transportés gratuitement dans les voitures de la Compagnie.

La même faculté est accordée aux agents des contributions indirectes chargés de la surveillance du chemin de fer, dans l'intérêt de la perception de l'impôt.

Si l'administration des postes le juge nécessaire, à chacun des trains de voyageurs circulant aux heures ordinaires de l'exploitation, la Compagnie sera tenue de réserver gratuitement un compartiment spécial d'une voiture de deuxième classe pour recevoir les lettres, les dépêches et les agents nécessaires au service des postes, le surplus de la voiture restant à la disposition de la Compagnie.

La Compagnie sera tenue, à toute réquisition, de faire partir par convoi ordinaire les wagons ou voitures cellulaires employés au transport des prévenus, accusés ou condamnés.

Les employés de l'administration, gardiens, gendarmes et prisonniers placés dans les wagons ou voitures cellulaires ne seront assujétis qu'à la moitié de la taxe du tarif de la dernière classe.

Le transport des wagons et des voitures sera gratuit.

Le gouvernement se réserve la faculté de faire, le long des voies, toutes les constructions, de poser tous les appareils nécessaires à l'établissement d'une ligne télégraphique électrique; il se réserve aussi le droit de faire toutes les réparations et de prendre toutes les mesures propres à assurer le service de la ligne télégraphique, sans nuire au service du chemin de fer.

Sur la demande de l'administration des lignes télégraphiques, il sera réservé dans les gares le terrain nécessaire à l'établissement de maisonnettes destinées à recevoir le bureau télégraphique et son matériel.

La Compagnie sera tenue de faire garder par ses agents les fils et les appareils des lignes électriques, de donner aux employés télégraphiques connaissance de tous les accidents qui pourraient survenir, et de leur en faire connaître les causes. En cas de rupture du fil télégraphique, les employés de la Compagnie auront à raccrocher provisoirement les bouts séparés, d'après les instructions qui leur seront données à cet effet.

Les agents de la télégraphie voyageant pour le service de la ligne électrique auront le droit de circuler gratuitement dans les voitures du chemin de fer.

En cas de rupture du fil télégraphique ou d'accidents graves, une locomotive sera mise immédiatement à la disposition de l'inspecteur de la ligne télégraphique pour le transporter sur le lieu de l'accident avec les hommes et les matériaux nécessaires à la réparation. Ce transport sera gratuit, et il devra être effectué dans des conditions telles qu'il ne puisse entraver en rien la circulation publique.

26

Dans le cas où des déplacements de fils, appareils ou poteaux, deviendraient nécessaires par suite de travaux exécutés sur le chemin, ces déplacements auraient lieu aux frais de la Compagnie, par les soins de l'administration des lignes télégraphiques.

Dans le cas où le gouvernement ordonnerait ou autoriserait la construction de routes impériales, départementales ou vicinales, de canaux ou de chemins de fer, qui traverseraient le chemin de fer qui fait l'objet du présent cahier des charges, la Compagnie ne pourra mettre aucun obstacle à ces traversées; mais toutes dispositions seront prises pour qu'il n'en résulte aucun obstacle à la construction ou au service du chemin de fer, ni aucuns frais pour la Compagnie.

Toute exécution ou toute autorisation ultérieure de route, de canal, de chemin de fer, dans la contrée où est situé le chemin de fer, ne pourra donner ouverture à aucune indemnité de la part de la Compagnie.

Le gouvernement se réserve expressément le droit d'accorder de nouvelles concessions de chemins de fer s'embranchant sur le chemin qui fait l'objet du présent cahier des charges, ou qui seraient établies en prolongement du même chemin.

La Compagnie ne pourra mettre aucun obstacle à ces embranchements ni réclamer, à l'occasion de leur établissement, aucune indemnité quelconque, pourvu qu'il n'en résulte aucun obstacle à la circulation, ni aucuns frais particuliers pour la Compagnie.

Les compagnies concessionnaires de chemins de fer d'embranchement ou de prolongement auront la faculté, moyennant les tarifs ci-dessus déterminés et l'observation des règlements de police et de service établis ou à établir, de faire circuler leurs voitures, wagons et machines, sur les chemins de fer qui font l'objet de la présente autorisation, pour lesquels cette faculté sera réciproque à l'égard desdits embranchements et prolongements.

Dans le cas où les diverses compagnies ne pourraient s'entendre entre elles sur l'exercice de cette faculté, le gouvernement statuerait sur les difficultés qui s'élèveraient entre elles à cet égard.

Dans le cas où une compagnie d'embranchement ou de prolongement joignant la ligne qui fait l'objet de la présente autorisation n'userait pas de la faculté de circuler sur cette ligne, comme aussi dans celui où la Compagnie concessionnaire de cette dernière ligne ne voudrait pas circuler sur les prolongements et embranchements, les compagnies seraient tenues de s'arranger entre elles de manière que le service de transport ne soit jamais interrompu aux points extrêmes des diverses lignes.

Celle des compagnies qui sera dans le cas de se servir d'un matériel qui ne serait pas sa propriété paiera une indemnité en rapport avec l'usage et la détérioration de ce matériel. Dans le cas où les compagnies ne se mettraient pas d'accord sur la quotité de l'indemnité ou sur les moyens d'assurer la continuation du service sur toute la ligne, le gouvernement y pourvoirait d'office et prescrirait toutes les mesures nécessaires.

La Compagnie pourra être assujétie, par les lois qui seront ultérieurement rendues pour l'exploitation des chemins de fer de prolongement ou d'embranchement joignant celui qui fait l'objet du présent cahier des charges, à accorder aux compagnies de ces chemins une réduction de péage.

La Compagnie sera tenue, si l'administration le juge convenable, de partager l'usage des stations établies à l'origine des chemins de fer d'embranchement avec les compagnies qui deviendraient ultérieurement concessionnaires desdits chemins.

Les redevances à payer dans ce cas, ainsi que les conditions de l'usage commun, seront réglées par l'administration supérieure.

La Compagnie se soumettra, dans l'exécution du chemin de fer, aux dispositions des circulaires de l'administration des travaux publics des 20 mars 1849 et 10 novembre 1851, portant interdiction du travail les dimanches et jours fériés.

Les agents et gardes que la Compagnie établira, soit pour opérer la perception des droits, soit pour la surveillance et la police du chemin de fer et des ouvrages qui en dépendent, pourront être assermentés, et seront, dans ce cas, assimilés aux gardes champêtres.

Si le gouvernement le juge nécessaire, il sera institué près de la Compagnie un inspecteur-commissaire, spécialement chargé de surveiller les opérations de ladite Compagnie, pour tout ce qui ne rentre pas dans les attributions des ingénieurs de l'État.

Le traitement de ce commissaire restera à la charge de la Compagnie

La Compagnie devra faire élection de domicile à Saint-Étienne.

Dans le cas de non-élection de domicile, toute notification ou signification à elle adressée sera valable, lorsqu'elle sera faite à la sous-préfecture de Saint-Étienne.

Les contestations qui s'élèveraient entre la Compagnie et l'administration au sujet de l'exécution ou de l'interprétation des clauses du présent cahier des charges seront jugées administrativement par le conseil de préfecture du département de la Loire, sauf recours au conseil d'État.

FIN.

TABLE DES MATIÈRES.

PREMIÈRE PARTIE.

CONSIDÉRATIONS EN FAVEUR DE L'EXÉCUTION DU CHEMIN DE FER PROJETÉ.

DEUXIÈME PARTIE.

DÉTAILS DU CHEMIN DE FER PROJETÉ.

TROISIÈME PARTIE.

EVALUATION DES DÉPENSES ET TARIFS PROPOSÉS.

QUATRIÈME PARTIE.

FIN DE LA TABLE.

Paris. — Impr. Lacour et Cᵉ, rue Soufflot, 16.